葡萄栽培关键技术问答

李　莉　宣立锋　牛帅科　师永东　主编

中国农业出版社
农村读物出版社
北　京

前　言

  河北葡萄栽培历史悠久，是我国葡萄重要产区。全省共有 150 多个县（市、区）种植葡萄，全省种植面积 63 万亩，年产葡萄 124.6 万吨，在县域经济发展、农民增收致富中发挥了重要作用。为持续深化"四个农业"促进葡萄产业高质量发展，助力乡村振兴，我们在总结多年科研成果和生产实践经验的基础上，编写《葡萄栽培关键技术问答》一书，以促进葡萄栽培技术换代升级，为全省葡萄产业集群建设提供技术体系支撑。

  本书分为 8 个部分，针对生产上存在的各种问题，以问答的形式从葡萄概述、主要种类和品种、园地建立、育苗技术、栽培技术、病虫害防治和自然灾害预防、设施栽培、贮藏与保鲜等 8 个方面提出 122 个问题，并逐一解答，问题涵盖了葡萄生产中的关键技术。

  需要特别说明的是，本书中所用农药、化肥施用浓度和使用量，会因作物种类和品种、生长时期以及产地生态环境条件的差异而有一定的变化，故仅供读者参考。建议读者在实际应用前，仔细参阅所购产品的使用说明书，或咨询当地农业技术服务部门，做到科学合理用药用肥。

  在本书的编写过程中，参阅和引用了许多国内外研究资料。葡萄栽培技术发展日新月异，但笔者水平有限，书中不足之处，诚挚欢迎广大读者批评指正。

编　者

2022 年 6 月 7 日

目　　录

视频目录

一、葡萄概述

1. 葡萄有多久的栽培历史？

考古研究表明，早在 5 000～7 000 年前，在埃及、底格里斯河和幼发拉底河流域、外高加索、中亚细亚等地即有葡萄栽培。黑海、里海和地中海沿岸国家是世界葡萄栽培和酿酒最古老的中心区域。大约 3 000 年前，希腊的葡萄栽培就已相当繁盛，以后沿地中海向西传播至欧洲各地，15 世纪后陆续传至美洲、南非、澳大利亚和新西兰。在亚洲通过中亚、伊朗、印度传至中国、朝鲜、日本。葡萄在世界上逐渐获得了非常广泛的分布，遍及各地。

我国的葡萄栽培始于汉代，通过中亚细亚引入新疆，经甘肃河西走廊到兰州，再到汉代京城长安（今西安），然后逐渐向内地各省传播，先至河南、山西，后再扩散至河北、山东及其他地方。在很长一段时间内，葡萄栽培发展十分缓慢，直到 1950 年后，尤其是改革开放以来，我国的葡萄生产才得到健康迅猛的发展。目前我国葡萄栽培遍及全国各个省份，已成为世界第一鲜食葡萄生产大国，葡萄栽培面积居世界第三位，产量居世界第一位，已成为世界公认的葡萄生产大国。

2. 葡萄有什么营养价值和药用价值？

葡萄不仅味美可口，而且营养价值很高。成熟的浆果中含有 15％以上的糖类，主要成分是葡萄糖和果糖，容易为人体消化吸收；还含有 0.5％～1.5％的有机酸，主要是苹果酸和酒石酸；含有大量的酚类物质；以及许多种对人体健康有益的蛋白质、氨基酸、卵磷脂、维生素及矿物质等多种营养成分。葡萄中的果酸有助消化，适当多吃葡萄，能健脾胃。葡萄中含有矿物质钙、钾、磷、铁以及维生素 B_1、维生素 B_2、维生素 B_6、维生素 C 和维生素 P 等物质，对人体有较好的抗衰老、软化血管的作用；葡萄还含有多种人体所需的氨基酸，常食葡萄对神经衰弱、过度疲劳大有补益。把葡萄制成葡萄干后，糖和铁的相对含量会增加，是老人、妇女、儿童和体弱贫血者的滋补佳品。

同时，葡萄果实具有一定的药用价值，我国历代医药典籍对葡萄的药用均有论述。中医认为，葡萄味甘微酸、性平，具有补肝肾、益气血、开胃力、生津液和利小便之功效。《神农本草经》载文提到葡萄："主筋骨湿痹；益气倍力；强志；令人肥健，耐饥；忍风寒。久食轻身不老延年。"葡萄不但具有广泛的药用价值，还具有补虚健胃的功效。身体虚弱、营养不良的人，多吃鲜食葡萄或葡萄干，有助于健康，由于果实内糖分含量较高，而且主要是以葡萄糖与果糖呈现的单糖形式，容易被人体直接吸收。

近年来，葡萄的药用价值得到了更深入的研究。研究表明，葡萄汁、籽、皮内均富含强力抗氧化物质——白藜芦醇、花青素等黄酮类成分，且在果皮与种子中含量较高。黄酮类物质具有阿司匹林药物的溶栓、抗血凝功效，可防御缺血性脑中风，如脑梗死、脑血栓等。美国北卡罗来纳大学医学院研究还发现，葡萄中的白藜芦醇具有较强的抗癌、抑制癌细胞扩散效应，可有效清除人体内多余的自由基，具有增强人体免疫功能和延缓衰老的功效。此外，巴西的研究人员发现，葡萄皮中还含有一种可降低血压的成分，具有良好的降压和抗动脉粥样硬化作用。

3. 我国葡萄生产中存在的主要问题及解决的对策有哪些？

（1）品种混杂，没有形成品种区划。改革开放以来，我国葡萄产业经历了一个迅速发展的时期，但葡萄品种的栽培区域较为混乱，各个地区并没有根据本地区的气候、热量、土壤、水分等条件选择适宜的品种来栽培，而是盲目引种，收益甚微。每一个品种都有自身的特点及适宜栽培的环境，在某一地区成功栽培，却并不一定能适应所有的气候条件，这就导致品种的优质特性不能完全表现出来，甚至影响产量，造成严重的经济损失。为了正确指导葡萄产业的健康发展，有效组织生产并减少盲目性，应根据气候条件、地理环境和社会经济条件等多种因素，通过实践和科学论证，对葡萄栽培进行合理区划，以确定葡萄适栽区域，获得最佳的经济效益和社会效益。

（2）总体规模小，品种结构单一。虽然我国葡萄产业发展迅速，成果喜人，但是整体规模较小，多数为一家一户单兵作战，没有固定的技术人员作指导，这就造成了葡萄生产机械化程度低，生产和销售欠缺一定规模，效益低下。另外，葡萄栽培品种过于单一，鲜食葡萄主要以巨峰系葡萄为主，酿酒葡萄主要以赤霞珠为主，没有形成有效品种结构。为了应对上述问题，可以结合我国的实际情况以葡萄协会或合作社的形式联合广大果农，形成一个整体，进行标准化生产，提高葡萄果实品质，增加果农收入。同时合理引进葡萄新品种，改善我国葡萄的品种结构使之趋于合理。

（3）苗木市场不规范。葡萄良种繁育体系建设滞后、苗木生产和销售秩序混乱是当前葡萄生产上的一个突出问题，长期以来，葡萄种苗的生产和销售缺乏有力的监管，植物检疫形同虚设，苗木质量参差不齐，尤其是品种纯正的脱毒苗，远远不能满足生产和发展的需要。近期葡萄检疫病害葡萄根瘤蚜的"死灰复燃"给葡萄从业者再一次敲响了警钟：苗木市场关系着中国葡萄产业的生死存亡。

（4）**葡萄栽培管理不到位。**由于果农一味追求高产，致使化肥、农药乱施乱用，无限制地增大树体负载量；不规范使用植物生长调节剂，从而造成果实品质下降，丰产不丰收。今后应加快科研成果推广转化，指导果农科学合理施肥、合理设置负载，确保品种的优良特性得以展现，实现葡萄大规模的标准化生产，提高果农的收益。

（5）**葡萄贮藏加工技术落后。**我国是世界上鲜食葡萄生产第一大国，长期以来，采后储运一直是鲜食葡萄发展的一个瓶颈。贮藏过程中二氧化硫超标，成为采后葡萄二次污染的主要问题；鲜食葡萄贮藏期、货架期短又是葡萄产业发展的技术难题；鲜食葡萄贮藏过程中掉粒、烂果严重都是亟待解决的问题。

近几年，葡萄采后加工业虽然有一定发展，但是精加工生产规模小、工艺水平落后，导致大量优质葡萄的加工品只能走低档销售途径，效益不高。同时，大部分产品以原料外销，价格徘徊不前，农民增产不增收。此外，目前我国对鲜食葡萄的深加工领域如制取葡萄汁、葡萄醋等，还没有形成较为成熟的产业。

葡萄贮藏加工技术落后，造成葡萄上市周期短，产品销售压力大。虽然葡萄种植面积增加了，但果农收益增幅却不明显。要解决这一难题，应注重贮藏加工技术的研发及普及推广，切实增加果农收益。

（6）**产品质量和安全问题。**在鲜食葡萄生产上，盲目发展不适宜品种，大量使用化肥、农药、生长调节剂，以及一些新的生产资料的不规范使用造成了部分地区农药、重金属污染和农药残留量超标，果实耐贮性降低，果实含糖量降低，葡萄品质降低等问题。在葡萄酒生产上，存在二氧化硫超标的问题，一些非法企业因葡萄原料质量欠佳而在酿造过程中加入各种添加剂，严重影响葡萄酒品质。今后发展中应把产品安全放在第一位，加大产区安全生产的宣传力度，增强企业和果农的果品安全意识，从源头保证食品安全。

4. 什么是无公害葡萄？为什么要发展无公害葡萄？

无公害农业是 20 世纪 90 年代在我国农业和农产品加工领域提出的一个新概念。我国无公害农产品是指产地环境符合无公害农产品的生态环境质量，生产过程必须符合规定的农产品质量标准和规范，有毒、有害物质残留量控制在安全质量允许范围内，安全质量指标符合《无公害农产品（食品）标准》的农、牧、渔产品（食用类，不包括深加工的食品）经专门机构认定，许可使用无公害农产品标识的产品。广义的无公害农产品包括有机农产品、自然食品、生态食品、绿色食品、无污染食品等。这类产品生产过程中允许限量、限品种、限时间地使用人工合成的、安全的化学农药、兽药、肥料、饲料添加剂等，它符合国家食品卫生标准，但比绿色食品标准要宽。无公害农产品保证人们对食品质量安全最基本的需要，是最基本的市场准入条件，普通食品都应达到这一要求。

无公害葡萄是指产地环境、生产过程和产品质量，均符合国家发布的适合于无公害食品鲜食葡萄的农业行业标准（NY 5086—2002）的规定，经认证合格获得认证证书，并允许使用无公害农产品标志的，未加工或者初加工的葡萄。

5. 什么是绿色食品？

绿色食品是在无污染的生态环境中种植及采取全过程标准化生产或加工的农产品；严格控制其有毒、有害物质含量，使之符合国家健康安全食品标准，并经专门机构认定，许可使用绿色食品标志的食品。绿色食品和无公害农产品产生的背景一样。1992年，农业部有关部门参照国际"有机食品"标准，制定和形成了"绿色食品"标准体系和认证体系，成立了中国绿色食品发展中心，并企业化运作。绿色食品分为AA级和A级。

（1）AA级绿色食品标准要求。 生产地的环境质量符合《绿色食品产地环境质量标准》，生产过程中不使用化学合成的农药、肥料、食品添加剂、饲料添加剂、兽药及有害于环境和人体健康的生产资料，而是通过使用有机肥、种植绿肥、作物轮作、生物或物理方法等，培肥土壤、防控病虫草害，保护或提高产品品质，从而保证产品质量符合绿色食品标准要求。

（2）A级绿色食品标准要求。 生产地的环境质量符合《绿色食品产地环境质量标准》，生产过程中严格按绿色食品生产资料使用准则和生产操作规程要求，限量使用限定的化学合成生产资料，并积极采用生物学技术和物理方法，保证产品质量符合绿色食品标准要求。

6. 什么是有机食品？

有机食品是指来自有机农业生产体系，根据国际有机农业生产要求和相应的标准生产加工的，通过独立的有机食品认证机构，如国际有机农业运动联盟（FOAM）认证的食品。

有机农业生态体系，是一个相对封闭的生态体系，有自己的物质循环、能量循环体系，包括种植业和动物饲养业等；是一个可持续发展和稳定的生态体系，利用自然的功能保持地力和维持生态平衡。

有机农业生产基地通常要具备以下条件：生产基地在 3 年内未使用过农药、化肥等违禁物质；种子或种苗来自自然界，未经基因工程技术改造过；生产单位需建立长期的土地培肥、植保、作物轮作和畜禽养殖计划；生产基地无水土流失及其他环境问题；作物在收获、清洁、干燥、贮存和运输过程中未受化学物质的污染；从常规种植向有机种植转换需 2 年以上转换期，新垦荒地例外；生产全过程必须有完整的记录档案。

二、葡萄的主要种类和品种

7. 葡萄主要有哪些种类？

葡萄品种很多，全世界有8 000多个品种，我国现有700多个品种。但在我国生产上栽培面积较大的品种只有40～50个。按地理分布，葡萄可分为3个种群：①欧亚种群；②东亚种群；③北美种群。按用途可分为4种：①鲜食品种；②酿造品种；③制汁品种；④制干品种。按成熟期可分为3种：①早熟品种；②中熟品种；③晚熟品种。

（1）早熟品种。 从萌芽到浆果成熟需110～130天的品种称为早熟品种，如京早晶、凤凰51。

（2）中熟品种。 从萌芽到浆果成熟需130～150天的品种称为中熟品种，如巨峰、藤稔。

（3）晚熟品种。 从萌芽到浆果成熟需150天以上的品种称为晚熟品种，如红地球、龙眼、白牛奶、意大利、美人指、克瑞森无核。

8. 葡萄品种按用途如何分类？

葡萄品种按用途分为以下4类。

（1）鲜食品种。 鲜食品种应具备较好的内在品质和外观品质。单穗重必须在300～500克或500克以上，单粒重大于4克，外形美观，果粒着生疏密得当，酸甜适口（含糖量15%～20%，含酸量0.5%～0.9%），有香味，果肉致密而脆、皮、肉、种子易分离，无籽或少籽。如红地球、美人指、巨峰、克瑞森无核等。

（2）酿造品种。 酿造品种比较注重内在品质，要求含糖量达到18%～22%，出汁率在70%以上，具有特殊香味和不同的色泽。如赤霞珠、贵人香、美乐等。

（3）制汁品种。 制汁品种则要求有较高的含糖量和较浓的香味，出汁率达到70%以上。如康可、康拜尔、卡巴克等。

（4）制干品种。 要求是无核品种，含糖量20%以上。如无核白、京早晶、紫香无核等。

9. 葡萄栽培的优良品种有哪些？

我国葡萄生产中常用的优良栽培品种如表1所示（彩图1至彩图15）。

表 1　我国葡萄生产中常用的优良栽培品种

用途	分类	品种名称
鲜食	早熟品种	夏黑、早夏无核、维多利亚、粉红亚都蜜、绯红、着色香、奥古斯特、京秀、京艳、香妃、爱神玫瑰、瑞都红玫、贵妃玫瑰、金皇后、早康宝、无核翠宝、金星无核、早霞玫瑰、红巴拉多、黑巴拉多等
	中熟品种	巨峰、藤稔、玫瑰香、巨玫瑰、醉金香、峰后、天缘奇、伊豆锦、户太 8 号、金手指、美人指、里扎马特、无核白鸡心、优无核、宝光、脆光、蜜光、甬优 1 号、黑奥林、超藤、香悦、紫地球、瑞都脆霞、瑞都香玉、玉波 2 号、甜蜜蓝宝石等
	晚熟品种	红地球、阳光玫瑰、龙眼、白牛奶、意大利、红意大利、红宝石无核、克瑞森无核、秋黑、红乳、新郁、摩尔多瓦、红斯威特等
酿酒	红葡萄酒	赤霞珠、品丽珠、蛇龙珠、梅鹿特、黑比诺、色拉、佳美、增芳德、晚红蜜、宝石、法国蓝、桑娇维塞、佳利酿、歌海娜、五月紫、梅郁、味儿多、烟 73、红汁露、巴柯、黑赛比尔、北醇、公酿 1 号、公酿 2 号等
	白葡萄酒	霞多丽、雷司令、意斯林、巴娜蒂、白诗南、赛美蓉、缩味浓、琼瑶浆、米勒、西万尼、白玉霓、鸽笼白、白羽、小白玫瑰、昂托玫瑰、白佳美等
制干		无核白、森田尼无核、火焰无核、红宝石无核、京早晶、大无核白、京可竟、无核红、紫香无核等
制汁		康可、康拜尔、黑贝蒂、卡巴克、蜜而紫、卡托巴、蜜汁、玫瑰露、紫玫康等
砧木	抗寒	贝达、山葡萄、北醇、5C、5BB、5A、3309C、225Ru 等
	抗盐碱	420A、140R、41B、SO4、520A、5A、抗砧 5 号等
	抗根瘤蚜	SO4、5BB、5C、5A、110R、3309C、101-14、抗砧 3 号等

三、葡萄园建立

10. 葡萄园怎样选址?

葡萄栽培容易,适应性强,但不是任何地方都适合栽培葡萄。葡萄是多年生果树,栽植后要在同一地点生长结果几十年甚至上百年。并且建园过程中需投入大量人力、物力、财力,要取得较好的经济效益,栽植前园址的选择是十分重要的。要根据当地的光、热、水、土等环境条件和市场需求以及交通状况等综合考虑建园。

(1)**根据市场需要确定经营方向和建园规模。**如建立葡萄酿酒原料基地,首先须考虑国内外葡萄酒市场的供求情况和葡萄酒厂家对原料的要求;如建大型鲜食葡萄商品基地,也应先进行市场预测,做到品种对路、供需协调,如盲目发展,会因产品销路不畅而造成重大经济损失。

(2)**根据国家土地总体规划建园。**过多占用良田建葡萄园是不适宜的。应本着不与粮、棉争地的原则,提倡尽量利用沙荒、山地、河滩、海滩建园。在利用山坡地时,由于低洼的谷地极易聚集冷空气,因此要避免在山谷低洼地建园;葡萄遭受春秋霜害和冬季冻害的危险性大,而山谷两侧的山坡的气候则较为温暖。在南方葡萄栽培区和比较潮湿的地方,利用丘陵坡地建葡萄园较好,有利排水,光照、通风条件好,昼夜温差大,有利于优质果品的生产。

(3)**根据葡萄对环境条件的要求建园。**即根据葡萄对光、热、水、土的要求,选择最适合葡萄生长的地方建园,譬如低缓开阔的山坡地、有灌溉条件的干旱和半干旱地、地下水位比较低的高燥平原地等。土壤以土层深厚、土质疏松的沙壤土最为适宜,pH 在 6.5~7.5,盐碱地含盐量不超过 0.18%。由于葡萄浆果不耐贮运,葡萄园应建在交通方便的地方。尤其对于鲜食品种,一般应在城镇郊区或铁路、公路沿线建园,以便外运。

11. 如何进行葡萄园地的规划设计?

园址选定后,要进行园地调查及测绘地形图。调查内容包括地况、气候、土壤、水利条件、植被情况、劳力和技术含量、生产条件、交通运输条件等。经实地勘测,绘制出合理的、切实可行的葡萄园总体规划图。如果葡萄园面积很小,上述工作可简化。

（1）**园地区划。**大型葡萄园为了耕作、管理方便，应划分为若干大区和小区。一般千亩以上的大型葡萄园需要划分大区，栽植区的大小视葡萄园具体情况而定。地形复杂的山地葡萄园应根据梯田的自然地形划区和确定区的大小，一般以20~50亩*为一区；平地机械化程度较高的，栽植区可大一些，以100~200亩为宜。海滩、河滩葡萄园，由于风沙较大，小区面积不宜过大，以30亩左右为宜。

（2）**道路设置。**根据葡萄园的面积大小和地形，本着既有利栽培管理和交通运输、又有利节省土地的原则，确定道路的等级。一般主道贯穿全园，宽5~8米；分区设支道，宽3~4米；栽植区内设作业道，宽2米即可；小型葡萄园可以不设支道。

（3）**灌排系统。**平地园一般利用井、渠灌溉，根据水源和地形地势设计总灌渠、支渠和灌水沟三级系统。小型葡萄园可只设灌渠和灌水沟二级。排水系统也可以分为三级或二级。灌排渠道应与道路配合，一般设在道路两侧。

（4）**防护林带。**营造防护林有防风沙和改善园内小气候的作用。尤其是在海滩、河滩葡萄园，建造防护林带尤其必要。大型葡萄园主、副林带之间的距离一般为200~300米，副林带之间距离为300~400米。林带以乔木、灌木相结合为宜。小型葡萄园在园地四周植树3~5行即可。

（5）**株行距的确定。**株行距的确定主要取决于气候、葡萄品种、葡萄架式和机械操作。冬季寒冷、葡萄下架埋土防寒的地区，行间要求有充足的取土量，同时根据品种生长势的强弱，进行适当调整。株行距的确定还要根据葡萄的栽培架式，一般在北方栽培葡萄时，立架株行距以1米×（2~3.5）米为宜，棚架株行距以1米×（4~5）米为宜，这样既可安全越冬，又能合理地通风透光，同时控制单株负载量，保证树体健壮、丰产、稳产。

12. 葡萄园品种选择有什么要求？

选择什么品种一直是葡萄种植者普遍关心的一个问题。首先要考虑当地的环境条件；第二是做好市场调研，选择市场前景比较好的品种；第三要根据建园的目标以及果园的类型、模式，发展适宜的品种。如观光园就要考虑品种的多样性和兼顾不同成熟期，品种要丰富，以延长采摘期和增加选择性为目的；普通生产园如果面积不大，最好选择3个以下成熟期一致的品种，便于管理。但总体要考虑以下3个方面。

（1）**品种抗病性。**在北方地区，露地葡萄成熟期正好赶上高温、多雨季

---

* 亩为非法定计量单位，1亩＝1/15公顷≈667米²。余后同。——编者注

节，面临严峻的病害考验，如果选择的品种不抗病，将导致巨大的损失，整体来看欧美种抗病性好于欧亚种。

（2）**成熟期。**葡萄能否适时进入市场，直接影响其经济效益高低。因此选择恰当的早、中、晚熟品种非常重要。应根据当地市场状况，有针对性地选择品种。

（3）**浆果品质。**品质好坏直接影响消费量大小，因此选择品种时不能不考虑品质。鲜食葡萄品种应具备风味甜、果粒大、颜色漂亮、耐贮运、坐果率高、穗形好等特征。

13. 葡萄定植前如何准备土壤？

葡萄定植前准备土壤，主要是为植株根系的发展准备一个深厚、疏松、肥沃的生长环境。为此，需要对园地进行深翻、施肥、改良土壤。深翻的深度应在根系主要分布层以下，一般为70～80厘米，在山坡地、干旱地更宜深些，最好达1米，且应进行全园普遍深翻。国外常用大马力拖拉机牵引犁铧，深翻深度达60～70厘米。我国生产上通常采用挖坑或挖沟的方式，结合后期逐年扩张施肥以达到深翻的目的。

（1）在株距较小的葡萄园宜采用挖沟深翻的方式，通常可挖宽和深各0.8～1米的带状沟，挖沟时表土和底土分别堆放，挖好沟后，为了增加土壤的通透性，提高有机质含量，可先在沟底加入厚10～15厘米的秸秆或杂草，再结合施肥将土壤回填，沟填至快满时，可浇一次透水，促使土壤沉降；也可填满土后使其自然沉降，一般需1.5～2个月。

（2）在株距较大的情况下，可以挖大坑，宽度和深度也在1米左右，同样结合施有机肥将土壤回填。深翻、挖沟或挖坑适宜在秋季进行，这样填在上层的土壤有较长时间进行风化和沉降；翌年春季在深翻土壤的基础上，挖较小的定植穴，即可定植葡萄。

（3）在土层贫瘠的山地或砾石较多的园地，为了形成深厚的熟土层，通常需要挖石客土。

（4）在盐碱地上建立葡萄园之前，首先要建设合理的排灌系统，进行排水洗盐，将土壤的含盐量降低至无害的程度，同时深翻、施有机肥，最好在栽植葡萄前1～2年种植绿肥作物，再翻压入土，增加土壤有机质含量，改良土壤。

14. 葡萄苗木何时定植？如何定植？

定植苗木，可以在当年秋季或第二年春季定植，苗木生长发育差异不大。秋季只要土壤不封冻，均可定植，北方产区需要埋土防寒，葡萄苗木最好在春季定植。若采用温室、温床和阳畦培养的营养袋绿苗定植，可在露地葡萄萌芽后1个月左右定植。夏季绿苗定植效果也较好，成活率可达85%以上，且生长量大。采用直插建园，必须在第二年的春季萌芽前扦插。

定植方法有以下3种。

(1) 苗木定植。苗木必须经过检疫，走法律程序；苗木须经过消毒，这也是葡萄健康栽培的必备程序。在定植前将购入的苗木浸没在1 000倍50%辛硫磷乳油和1 500倍25%嘧菌酯悬浮剂混合液（或其他内吸性杀菌剂、杀虫剂）12～24小时，消灭可能带入的病虫害。中国农业科学院植物保护研究所葡萄病虫害研究中心对葡萄苗木消毒采取以下措施：在43～45℃温水中浸泡苗木2小时，再放入硫酸铜和敌敌畏配制的溶液中（100千克水中加入1千克硫酸铜，再加入80%敌敌畏150毫升，混合均匀）浸泡15分钟，晾干后备栽种。

定植前适当修剪根系，保持根系长度在15～20厘米。定植时，将根系尽量舒展，栽植深度以原来苗床的深度为宜。单芽扦插苗适当深栽，以增加根量，提高抗旱、抗寒能力；嫁接苗则露出接口，以免接穗生根，减弱砧木作用。

(2) 绿苗定植。必须带土台定植，以保持根系完整。遇到光照较强、温度较高的天气可搭建遮阴网，以提高定植成活率。

(3) 插条定植。插条经过筛选后，经生根粉处理后即可扦插，扦插时使插条的顶芽与地面平齐，插条最好朝一个方向呈45°角斜插。

15. 葡萄定植当年幼树如何管理？

定植当年对幼树管理关系到新梢的生长量和成熟度，也关系到翌年结果。应重点做好以下几个方面的工作。

(1) 肥水管理。生长季节可根据干旱情况浇水3～4次。6月下旬至7月上旬，每株可施25克尿素，进入8月可酌情追施磷、钾肥，每次施肥后及时浇水。

(2) 病虫害防控。定植后至萌芽后3、4叶期，重点防治绿盲蝽，可喷4.5%高效氯氰菊酯乳油2 000倍液，10%联苯菊酯乳油3 000倍液等，间隔7～10天喷1次，严重发生时连喷3次，可有效降低绿盲蝽的数量。7—9月，根据雨量喷2～3次5波美度波尔多液，防治叶片霜霉病。

(3) 及时支架、绑蔓、整形。为保证苗木健壮生长，减少病虫害发生，应及时对枝蔓进行支架，或在植株旁插木棍或细竹竿作临时支柱，引缚枝蔓生长。同时根据建园前预设的架形和整形方案对幼树进行初步的整形，对于没用的枝条和萌蘖要及时疏除，同时要根据架形进行副梢和顶梢的修剪，以保证预留枝条的健壮、迅速生长。

(4) 及时补缺。春季栽植的幼苗，如缺株，应抓紧时间在夏季阴雨天气进行带土补苗。补苗可以使用营养钵苗，有条件可以搭遮阴网，以保证幼苗成活率。

（5）冬季修剪。根据当年植株生长情况和架形进行整枝修剪。对于生长衰弱的、枝条纤细的植株，在近地表3～4芽处重截，以保证翌年春季萌芽健壮有力。对于长势良好的植株可按预设架形进行初步修剪，主梢长度要留到50厘米以上，一般主梢只要剪除粗度在0.8厘米以下和不成熟的部分即可。

（6）埋土防寒。一年生植株不抗冻，应在封冻之前埋土防寒，可将枝蔓按其爬向压倒于地面或压入已挖好的防寒沟内，埋土防寒，覆土厚度因地区气候条件而异。在操作过程中，应谨慎小心，勿折伤枝蔓和碰伤芽眼。

16. 为什么要使用砧木嫁接苗建葡萄园？

葡萄的生产环境中存在着许多不利于其生长和结果的因素，如：干旱、寒冷、盐碱、湿涝、病虫害等。有针对性地选择葡萄砧木进行嫁接栽培，可以克服自然环境中的不利因素，扩大种植范围，降低生产成本，提高葡萄产量和品质，充分发挥栽培品种的优良特性，取得显著的经济效益。

葡萄的嫁接栽培是伴随着葡萄根瘤蚜的防治而开始的。自1870年Gaston Bazille提出将欧洲葡萄嫁接在美洲葡萄上以抵抗葡萄根瘤蚜的危害以来，葡萄嫁接栽培挽救了欧洲葡萄产区的葡萄生产，同时也推动了葡萄砧木和嫁接技术在生产上的广泛应用。100多年来，葡萄栽培受根瘤蚜危害的国家几乎都采用嫁接栽培。而我国葡萄栽培面积居世界第三位，是葡萄生产大国，但是长期以来葡萄生产中使用的主要是自根苗。葡萄嫁接栽培面积很小，且主要集中在东北寒冷地区，主要使用抗寒砧贝达，针对抗根瘤蚜、抗旱、抗盐碱、抗涝等性状的砧木在生产上几乎还没有大面积的使用。这种以自根苗为主的生产，加上苗木管理较为混乱，为我国葡萄产业带来了严重的安全隐患；要从根本上解决这一问题，就必须实行脱毒砧木嫁接栽培建园，降低葡萄栽培风险。

17. 当前葡萄生产中应用的优良砧木有哪些？

目前世界葡萄生产上常用的砧木品种主要来源于河岸葡萄（*V. riparia*）、沙地葡萄（*V. rupestris*）、冬葡萄（*V. berlandieri*）、霜葡萄（*V. cordifolia*）和甜山葡萄（*V. monticola*）、香槟尼葡萄（*V. champinii*）、圆叶葡萄（*V. rotundifolia*）、美洲葡萄（*V. labrusca*）、欧洲葡萄（*V. vinifera*）等野生种及其杂交后代。其中以河岸葡萄×沙地葡萄、冬葡萄×河岸葡萄和冬葡萄×沙地葡萄应用最为广泛。

河岸葡萄是北美洲分布最广的野生葡萄砧木之一，其广泛分布在加拿大东部至美国佛罗里达地区。"riparia"原意为"河岸"，河岸葡萄沿着溪流和河流生长，只要有足够的水，它就可以生长。河岸葡萄可以很好地适应夏季多雨的美国东部环境，其根系浅且相对不发达。由于河岸葡萄原产于根瘤蚜发生的地区，其生长受根瘤蚜影响小，因此河岸葡萄成为最早一批被选择直接用作砧木的野生葡萄。

沙地葡萄原产于北美洲，广泛分布于美国中部，枝条像灌木一样沿着地面生长，从形态上来看其更像一个葡萄树丛。沙地葡萄喜欢生长在砾石床和沙坝等相对松软的土壤环境中，拥有强壮的根系，具有良好的抗旱特性，但无法适应特别潮湿的土壤。同河岸葡萄一样，沙地葡萄较抗根瘤蚜。沙地葡萄中以圣乔治（St. George）最为出名。

冬葡萄原产于北美洲南部，主要分布于美国得克萨斯州、新墨西哥州和阿肯色州。它主要以对石灰含量高的土壤具有良好的耐受性而闻名。冬葡萄耐受石灰质土壤，并且耐根瘤蚜，但扦插不易生根，其中以 5BB 应用最为广泛。

（1）SO4。由德国从 Telekis 的 Berlandieririparia NO. 4 中选育而成。SO4 即 Selection Oppenheim NO. 4 的缩写。是法国应用最广泛的砧木。

①植物学识别特征。嫩梢尖茸毛白色，边缘桃红色。幼叶布丝毛，绿带古铜色；成叶楔形，色暗黄绿，皱褶，边缘内卷；叶柄洼幼叶时呈 V 形，成叶后变 U 形，基脉处桃红色，叶柄及叶脉有短茸毛。雄性不育。新梢有棱纹，节紫色，有短毛，卷须长而且常分三叉。成熟枝条深褐色，多棱，无毛，节不显，芽小而尖。

②农艺性状。抗根瘤蚜和抗根结线虫，抗 17％活性钙，耐盐性强于其他砧木，抗盐能力可达到 0.4％，抗旱性中等，耐湿性在同组内较强，抗寒性较好。在辽宁兴城地区一年生扦插苗冬季无冻害。生长势较旺，枝条较细，嫁接品种产量高，但成熟稍晚，有小脚现象。产枝量高。枝条成熟稍早于其他 Telekis 系列，生根性好。田间嫁接成活率 95％，室内嫁接成活率亦较高，发苗快，苗木生长迅速。SO4 抗南方根结线虫，抗旱、抗湿性明显强于欧美杂交品种自根树。树势旺，建园快，结果早。

（2）5BB。奥地利育成。源于冬葡萄实生。

①植物学识别特征。嫩梢尖弯勾状，多茸毛，边缘桃红色。幼叶古铜色，披丝毛；成叶大、楔形、全缘、主脉齿长、边缘上卷，叶柄洼拱形，叶脉基部桃红色，叶柄有毛，叶背几乎无毛，锯齿拱圆宽扁。雌花可育，穗小，小果粒黑色圆形。新梢多棱，节部酒红色，有茸毛。成熟枝条米黄色，节部色深，节间中长、直，棱角明显，芽小而尖。

②农艺性状。抗根瘤蚜能力极强，较抗线虫、较抗石灰质土壤，可耐

20%活性钙。耐盐性较强，耐盐能力达 0.32%～0.39%；耐缺铁失绿症较强。根系可忍耐－8℃的低温，抗寒性优于 SO4，仅次于贝达。

5BB 长势旺盛，根系发达，入土深，生活力强，新梢生长极迅速。产条量大，易生根，利于繁殖，嫁接状况良好。扦插生根率较好。室内嫁接成活率较高。但与品丽珠、莎巴珍珠和哥伦白等品种亲和力差。生长势旺，使接穗生长延长。适用于北方黏湿钙质土壤，不适用于太干旱的丘陵地。

5BB 砧木繁殖量在意大利排名第一，占年育苗总量的 45%。也是法国、德国、瑞士、奥地利、匈牙利等国的主要砧木品种。近几年在我国试栽，表现抗旱、抗湿、抗寒、抗南方根结线虫，生长量大，建园快。

（3）420A。法国用冬葡萄与河岸葡萄杂交育成。

①植物学识别特征。梢尖有茸毛，白色，边缘玫瑰红。幼叶有网纹状茸毛，浅黄铜色，极有光泽。成龄叶片楔形、深绿色、厚、光滑，下表面有稀茸毛。叶片裂刻浅，新梢基部的叶片裂刻深。锯齿宽，凸形。叶柄洼拱形。新梢有棱纹，深绿色，节自基部至顶端颜色变紫，节间绿色。枝蔓有细棱纹，光滑，无毛。枝条浅褐色或红褐色，有较黑亮的纵条纹。节间长、细。芽中等大。雄花。

②农艺性状。极抗根瘤蚜，抗根结线虫，抗石灰质土壤（20%）。生长势偏弱，但强于光荣、河岸系砧木。喜轻质肥沃土壤，有抗寒、耐旱、早熟、品质好等优点。常用于嫁接高品质酿酒葡萄或早熟鲜食葡萄。田间嫁接成活率98%。一年生扦插苗在辽宁兴城可露地越冬。

（4）5C。匈牙利用伯兰氏葡萄与河岸葡萄杂交育成。在德国、瑞士、意大利、卢森堡应用较多。法国有 33 万公顷苗木繁殖供应出口。植株性状与5BB 相近，但生长期短于 5BB。适应范围广，耐旱、耐湿、抗寒性强，并耐石灰质土壤。对嫁接品种有早熟、丰产作用，也有小脚现象。

（5）3309C。美洲种群内种间杂种。由法国的 George Coudec 育成。亲本为河岸葡萄和沙地葡萄，雌株。

①植物学识别特征。嫩梢尖光滑无毛，绿色光亮。幼叶光亮，叶柄洼 V形。成叶楔形、全缘、质厚、极光亮、深绿色，叶柄洼变 U 形，叶背仅脉上有少量茸毛，锯齿圆拱形，中大，叶柄短。雄性基本不育。新梢无毛，多棱，落叶中早。成熟枝紫红色，芽小而尖。

②农艺性状。抗根瘤蚜，不抗根结线虫，抗石灰质土壤能力中等（抗11%活性钙），抗旱性中等，不耐盐碱，不耐涝。适用于平原地较肥沃的土壤。产枝量中等。扦插生根率较高，嫁接成活率较好。树势中旺，适用于非钙质土

如花岗岩风化土，及冷凉地区，可使接穗品种的果实和枝条及时成熟，品质好，与佳美、比诺、霞多丽等早熟品种结合很好。在各国应用广泛。

（6）**101-14MG**。法国利用河岸葡萄与沙地葡萄杂交育成。雌性株，可结果。

①植物学识别特征。嫩梢尖球状，淡绿，光亮。托叶长，无色。幼叶折成勺状，稍具古铜色。成叶楔形，全缘，三主脉齿尖突出，黄绿色，无光泽，稍上卷。叶柄洼开张拱形。雌花可育。果穗小，小果粒黑色圆形，无食用价值。新梢棱状，无毛，紫红色，节间短，落叶早。成熟枝条红黄色带浅条纹，节间中长，节不明显，节上有短毛。芽小而尖。

②农艺性状。极抗根瘤蚜，较抗线虫，耐石灰质土壤能力中等（抗9%活性钙），不耐旱，抗湿性较强，能适应黏土壤。产枝量中等。扦插生根率和嫁接成活率较高。嫁接品种早熟，着色好，品质优良。是较古老的、应用广泛的砧木品种，以早熟砧木闻名。适宜在微酸性土壤中生长。该砧木是法国排名第七位的砧木，主要用于波尔多市；也是南非排名第二位的砧木品种。

（7）**1103P**。意大利利用伯兰氏葡萄与沙地葡萄杂交育成。雄株。植株生长旺。极抗根瘤蚜，抗根结线虫。抗旱性强，适应黏土地，但不抗涝，抗盐碱。枝条产量中等，每公顷产3万～3.5万米，与品种嫁接成活率高。

（8）**110R**。美洲种群内种间杂种。由 Rranz Richter 于1889年用冬葡萄×沙地葡萄杂交育成。亲本为 Berlandieri Resseguier NO.2 和 Rupestris Martin。

①植物学识别特征。嫩梢尖扁平，边缘桃红，布丝毛。幼叶布丝毛，古铜色，光亮，皱有泡状突起。成叶肾形，全缘，极光亮，有细微泡状突起。折成勺状，锯齿大拱形，叶柄洼开张 U 形，叶背无毛，雄性不育。新梢棱角明显，光滑，顶端红色。成熟枝条红咖啡色或灰褐色，多棱，无毛，节间长，芽小，半圆形。

②农艺性状。抗根瘤蚜，抗根结线虫，抗石灰质土壤（抗17%活性钙），可使接穗品种树势旺，生长期延长，成熟延迟；不宜嫁接易落花、落果的品种。产枝量中等。生根率较低，室内嫁接成活率较低，田间就地嫁接成活率较高。成活后萌蘖很少，发苗慢，前期主要先长根，因此抗旱性很强，适于干旱瘠薄地栽培。

（9）**140Ru**。原产意大利。美洲种群内种间杂种。19世纪末20世纪初，由西西里的 Ruggeri 培育而成。亲本是 Berlandieri ResseguierNO.2 和 Rupestris St George（du. Lot）。

①植物学识别特征。梢尖有网纹，边缘玫瑰红。幼叶灰绿色，有光泽。成

龄叶片肾形，小，厚，扭曲，有光泽，下表面近乎无毛，叶脉上有稀疏茸毛。叶柄接合处红色。叶片全缘，有时基部叶片的裂刻很深，与420A相似。锯齿中等大，凸形。叶柄洼开张拱形，叶柄紫色，光滑，无毛。新梢有棱纹，浅紫色，茸毛稀少。枝蔓有棱纹，深红褐色，光滑，节部有卷丝状茸毛。节间长。芽小而尖。雄性花。

②农艺性状。根系极抗根瘤蚜。但可能在叶片上携带虫瘿。较抗线虫，抗缺铁、耐寒、耐盐碱，抗干旱，对石灰质土壤的抗性优异，几乎可达20%。生长势极旺盛，与欧亚品种嫁接亲和力好，适宜在偏干旱地区、偏黏土壤上生长。插条生根较难，田间嫁接效果良好，不宜室内床接。

（10）225Ru。美洲种群内种间杂种。由冬葡萄×沙地葡萄杂交育成。

①植物学识别特征。嫩梢浅紫褐色，有茸毛。幼叶有光泽。成叶中等大，近圆形，有锯齿3浅裂。叶柄洼箭形。叶面光滑，叶背有白色茸毛。

②农艺性状。较抗根瘤蚜，抗根结线虫，抗旱性较强，耐湿，耐盐性中等，弱于5BB。一年生苗生长势较弱。扦插生根较难，出苗率55%左右。

（11）贝达。美洲种，又名贝特。原产于美国，由美洲葡萄和河岸葡萄杂交育成。植株生长势极强，抗寒性、抗湿性均强，嫁接品种亲和力好。嫁接品种有小脚现象，但对生长、结果无影响。

①植物学识别特征。嫩梢绿色，有稀疏茸毛。幼叶绿色，叶缘稍有红色，叶面茸毛稀疏并有光泽，叶背密生茸毛。一年生枝成熟时红褐色，叶片大，全缘或浅3裂，叶面光滑，叶背有稀疏刺毛。叶柄洼开张。两性花。果穗小，平均穗重191克左右，圆锥形。果粒着生紧密。果粒小，近圆形，蓝黑色，果皮薄；肉软，有囊，味偏酸，有狐臭味。含糖14%，含酸1.6%。在沈阳8月上旬成熟。

②农艺性状。植株生长势极强，适应性强，抗病力强，特抗寒，枝条可忍耐−30℃左右的低温，根系可忍耐−11.6℃左右的低温，有一定的抗湿能力，枝条扦插易生根，繁殖容易，并且与欧美种、欧亚杂交种嫁接亲和力强，是最好的抗寒砧木。生产上需注意的是，贝达作为鲜食葡萄品种的砧木时，有明显的小脚现象，而且对根癌病抗性稍弱。目前在我国生产上用的贝达砧木大部分都带有病毒病，应脱毒繁殖后再利用为好，栽培时应予以重视。

（12）抗砧3号。种间杂种。原产地中国。由中国农业科学院郑州果树研究所育成，亲本为河岸580×SO4。1998年春杂交，经沙藏、筛选并多点试验，普遍反应良好，经济效益显著，于2009年12月通过河南省林木品种审定委员会审定。

①植物学识别特征。嫩梢黄绿色带红晕,梢尖有光泽。幼叶上表面光滑,带光泽。成龄叶片肾形,绿色,泡状突起弱,下表面主脉上密生直立茸毛。叶片全缘或浅 3 裂。锯齿两侧直和两侧凸皆有。叶柄洼开张,V 形,不受叶脉限制。叶柄 11.0 厘米,中等长,浅棕红色。新梢生长半直立,无茸毛;卷须间歇性≤2,卷须长 20.0 厘米,中等长,两分杈。节间背侧淡绿色,腹侧浅红色。冬芽黄褐色,中等着色程度。枝条横截面呈近圆形,枝条表面光滑。枝条节间长 12.4 厘米、粗 1.0 厘米。枝条红褐色。雄花。

②农艺性状。植株生长势强,枝条生长量大,副梢萌芽力强,隐芽萌发力强。芽眼萌发率 81.6%,枝条成熟度好。

用该品种作砧木的葡萄品种,生长势显著强于自根苗,嫁接巨峰葡萄一年可生长 3.0 米以上,枝蔓中部粗度可达 1.5 厘米以上,第二年亩产量可达 300 千克;嫁接红地球葡萄一年生长量可达 4.0 米以上,枝蔓中部粗度可达 2.0 厘米以上,采用单干水平树形当年即可成形,第二年亩产量可达500 千克,第三年进入丰产。与自根植株相比,该砧木品种明显促进植株生长,减少施肥量。

该品种在郑州市,正常年份 4 月上旬开始萌芽,5 月上旬开花,花期 5~7 天。7 月上旬枝条开始老化,11 上旬开始落叶,全年生育期 216 天左右。

采用该品种为砧木的葡萄品种,其萌芽期、开花期和成熟期与自根苗和贝达砧的嫁接苗相比,无明显差异。

经过多年多点试验观察,在病害方面,该品种全年无任何叶部和枝条病害发生,无须药剂防治;虫害方面,极抗葡萄根瘤蚜和根结线虫,高抗葡萄叶蝉,仅在新梢生长期会遭受绿盲蝽危害。

(13)抗砧 5 号。育种编号:98-45-3,种间杂种。原产地中国,由中国农业科学院郑州果树研究所育成,亲本为贝达×420A。1998 年春杂交,经沙藏、筛选并多点试验,综合性状表现优异,于 2009 年 12 月通过河南省林木品种审定委员会审定。

①植物学识别特征。嫩梢黄绿带浅酒红色,幼叶上表面光滑,带光泽。成龄叶楔形,深绿色,叶表面泡状突起极弱,下表面主脉上直立茸毛极疏。主脉花青素着色浅。叶片全缘或浅 3 裂。锯齿两侧凸。叶柄洼半开张,V 形,不受叶脉限制。叶柄长,棕红色。卷须间隔。两性花。

②农艺性状。植株生长势强。每果枝着生花序数为 1~2 个。果穗圆锥形,无副穗,穗长 12.6 厘米,穗宽 11.3 厘米,平均穗重 231 克。果粒着生紧密,圆形,蓝黑色,纵径 1.7 厘米,横径 1.6 厘米,平均粒重 2.5 克。果粉厚,果

皮厚。果肉较软,汁液中等偏少。每果粒含种子 2～3 粒,可溶性固形物含量为 16.0%。在郑州市,该品种 4 月中旬萌芽,5 月上旬开花,7 月中旬果实开始着色,8 月中旬果实充分成熟,10 月下旬叶片开始老化脱落。

该品种抗病性极强,在郑州和开封市栽植,全年无任何病害发生。经过多年多点试验观察,该品种在河南省滑县万古镇的盐碱地和尉氏县大桥乡的线虫重发地均能保持正常树势,嫁接品种连年丰产稳产,表现出良好的适栽性。

四、葡萄育苗技术

18. 葡萄苗圃地的选择应具备什么条件？

葡萄苗圃地最好选择地势平坦、向阳、交通便利、排灌通畅、土壤肥沃的地块，并且近几年没有种过葡萄。土壤以中性或酸性的沙壤土较好，土壤盐分含量不超过 0.1%，pH6.5～7.5。肥沃的沙壤土通透性好，利于苗木生根和健壮生长；黏土或沙砾土都不适宜葡萄育苗。

一般葡萄育苗地不宜多年重茬。因为葡萄育苗与其他果树育苗一样，对地力消耗较大，多年重茬会造成特定土壤营养元素严重缺乏，影响苗木生长，因此，苗圃要每隔 2～3 年倒一次茬，一般与矮秆豆类植物轮作。

苗圃地要有较好的排灌系统。葡萄苗要春季防旱、夏季防涝，春季干旱缺水影响苗木成活，夏季高温多雨，病虫害防治难度大。因此，苗圃地的排灌系统非常重要，规划园区时，要充分考虑灌水渠与排水沟的设计，应同道路规划结合起来，达到旱能灌、涝能排，排灌通畅。

19. 怎样采集葡萄种条？如何贮藏？

(1) 种条采集。 接穗（或砧木）种条必须从无病毒苗木、无病虫危害的母本园采集。秋后结合冬剪，选择品种纯正、植株健壮、无病虫害的健壮植株，剪取充分成熟、节间均匀适中、芽眼饱满的枝条作为种条。种条粗度一般在 0.8 厘米以上。根据种条长度可剪 4～8 个芽为一段，每 50～100 根绑为一捆。各品种要拴好标牌，以免混杂。采集的种条最好放在阴凉处，必要时在当天下班前，临时埋入湿土中或对采集的枝条喷适量清水，以防失水。

(2) 接穗贮藏。 为了保证接穗质量，在运输过程中要防止风吹和暴晒；如冬剪春插的接穗（种条）要贮藏越冬，在北方寒冷地区选背风向阳处，在较温暖地区选背风向阴处，在地势稍高、排水良好的沙质土壤上挖贮藏沟，沟深1.5 米，但不宜超过 2 米，沟长度和宽度要根据种条数量而定。为防贮藏期霉变，用 5 波美度石硫合剂或 600 倍液的多菌灵对枝条进行药剂处理。贮藏时，在沟底先铺 5 厘米厚的新鲜河沙，要求层条层沙，沙、条相间。沙的湿度控制在 15%～20%，温度控制在 -2～5℃。最上面盖 20～30 厘米厚湿沙，再盖上些沙土或覆土起垄，防止雨雪渗入种条中。批量贮藏，用玉米秸秆、芦苇秆等制作散热通气孔。

20. 葡萄常用的育苗方法有哪些？

葡萄常用的育苗方法主要有以下4种。

（1）硬枝扦插育苗。 秋后结合冬剪，选择品种纯正、植株健壮、无病虫害的健壮植株，剪取充分成熟、节间均匀适中、芽眼饱满的枝条作为种条，并贮藏。翌年春天取出种条剪成10～18厘米长的插穗，每穗最好有2～3节，以2个为主，在上节上端1.2厘米处平断，下节0.5～1厘米处向下斜剪。将插穗浸泡于10～20℃水中24～48小时。同时整畦、扦插，按10～15厘米距离扦插，插穗入土深度以顶芽高于床表面1厘米为宜，切勿上下倒置。插好后立即浇水。

（2）绿枝扦插育苗。 6月中下旬至8月上旬均可进行绿枝扦插，扦插越早苗越大、根越多，8月中旬以后地温不足，不应扦插。首先从3年生以上植株上剪取粗度在0.4厘米以上的新梢或二次梢，剪成具有2个节的插穗，穗长8～15厘米，下节摘除叶柄叶片，在节下端0.5～1厘米处平断，上节叶片全留或剪去上半部，上剪口距上节1.5厘米处平断。将插穗基部3厘米浸入浓度为50 mg/L的萘乙酸溶液中24小时。然后整地、扦插、浇水。插后罩上透明度为50%的遮阳网，网高50厘米。晴天上午9时到下午4时，每30～40分钟喷水1次，喷水量以叶片均接触到水即可。阴天减少一半喷水次数。20天左右见插穗基部长出3～4条4～5厘米长根系时撤网。

（3）传统压条育苗。 4月下旬或5月初，将一年生枝顺行向平铺于地表，用钩棍固定。当枝上新梢长到5厘米长时，每6～10厘米选留一壮梢，余者抹去。新梢长到20厘米长时，对地表的二年生枝培土，厚度10厘米。6—9月结合葡萄园灌水，保持地表尤其所压条处适当的含水量并适时再培土一次，以保证和促进压条生根。11月初或翌年4月扒出并断根分株。

（4）新梢直立压条育苗。 5月中旬至6月上旬，注意在植株地表处选择5～6个新梢保留，多余的抹除。保留下的新梢长度达到20厘米时，对基部培土10厘米厚。生长季再适当压一次土并保持土壤适当湿度，向上生长的直立新梢应绑在立架铁丝上，翌年春季扒土分株。

21. 为什么要培育葡萄无病毒苗？

葡萄为多年生果树，在长期无性繁殖过程中，容易感染并积累多种病毒和类病毒，形成世界性的葡萄病害。欧美葡萄生产先进国家调查研究显示，一些长期栽培的老品种多数带毒，很难从中筛选出无病毒单株。目前世界上的葡萄病毒有50余种，危害特别严重的有6种，国内已报道的有9种。近几年来，由于我国葡萄种植面积进一步扩大，存在盲目引种和扩繁的现象，缺乏有效的检测手段和健全的无病毒苗木繁育体系，因此，我国葡萄病毒病有进一步蔓延的趋势。刘晓等对成都龙泉葡萄苗木随机抽样分析的结果显示，葡萄病毒病的感染率已达100%，病毒病的严重发生造成近些年当地葡萄的产量和品质较大幅度的下降。然而，迄今为止，防治病毒病最有效的方法仍然是培育和栽培无病毒苗木。因此，在今后的栽培生产中，使用无病毒苗木，从根源上降低病毒病的传播和危害尤为重要。

22. 葡萄常用的苗木脱毒方法有哪些?

（1）热处理脱毒。热处理脱毒是利用高温使植物组织中的病毒部分钝化或完全失去活性的方法。利用某些病毒受热后不稳定的特点，将葡萄完整植株或组织器官进行热处理，使病毒失去活性。但这种方法不适用于对热敏感的葡萄品种和不受高温影响的病毒。单独使用该方法脱毒率较低，且不耐热的植物材料易在热处理脱毒过程中死亡。

（2）茎尖培养脱毒。茎尖培养脱毒是目前应用最广泛的植物脱毒技术之一。该方法利用感染植株的茎尖生长点（长0.1～1.0毫米）含病毒很少或无病毒侵染的特点，通过植物组织培养技术切取微茎尖进行培养，从而达到脱除病毒的目的。一般来说，可直接从大田中获取的葡萄茎尖以组织培养方式获得无菌苗，通过病毒检测后，再切取无菌苗的茎尖分化成苗，栽植后再经病毒检测证明无毒后即可作为原种母树，以脱毒母树提供无病毒营养系砧木或优种繁殖材料。通常，所取得茎尖大小控制在0.3～0.4毫米时，脱毒率可控制在60%以上。控制茎尖大小对操作人员的技术要求较高。此外，有研究表明，以茎尖培养为基本培养方式，结合热处理或低温处理可进一步提高病毒脱毒率，与使用单一脱毒方法相比，能获得更好的脱毒效果。

（3）使用病毒抑制剂。病毒抑制剂是在脱毒培养过程中通过抑制病毒复制而发挥脱毒作用的。目前主要的病毒抑制剂有病毒唑、板蓝根、鸟嘌呤和尿嘧啶类等多种物质，各种抑制剂作用机理也不相同。病毒抑制剂在使用时与茎尖培养脱毒方法结合对病毒脱除效果更好，但其本身对分化成苗也有一定的影响，常常需要进行适宜浓度的筛选。

（4）花药培养脱毒。花药培养脱毒的原理目前尚不清楚，但通过花药培养已在草莓等植物中成功地获得了脱毒植株。由于植物种类及基因型的差异，以花药为外植体诱导分化过程较为困难，且培养时间较长，获得的再生植株少，这限制了葡萄花药培养脱毒的应用。

23. 葡萄常用的生根药剂及使用方法是什么？

常用的生根药剂有：吲哚丁酸、萘乙酸或吲哚丁酸和萘乙酸混合物。

使用方法：选取芽眼饱满、2个芽以上的插条，下端在节以下1厘米处平剪，单芽基部也要平剪，不要斜剪，因为生长素在植物体内为向下极性运输，平剪后四周生根均匀。

用生根药剂处理插条，分为速蘸法、慢浸法和蘸粉法3种方法。

①速蘸法：把插条基部末端在500~1000毫克/升的吲哚丁酸、萘乙酸酒精溶液中蘸3~5秒。此方法节省时间和设备，药剂可重复使用，酒精溶液可长时间保持活性，使用较广。②慢浸法：将插条基部2~4厘米在20~150毫克/升的药剂溶液中浸泡12~24小时。此方法中的稀释溶液易失活，药液不可重复使用。③蘸粉法：把药剂配制成粉剂（辅料为滑石粉），将插条基部用水浸湿，在准备好的粉剂中蘸一蘸，然后扦插。该方法中，吲哚丁酸和萘乙酸等量混用或按一定比例混用，生根效果通常比单独使用其中一种药剂要好。

24. 葡萄常用的嫁接方法有哪些？以及何时适宜嫁接？

当前葡萄生产中常用的嫁接方法，按嫁接材料分主要有绿枝嫁接和硬枝嫁接两种类型，按嫁接方式分可分为劈接、芽接、舌接、搭接和插皮接等方法。每种接法都要有适宜的嫁接时期才能保证较高的成活率。以下是不同的嫁接方法及各自适宜的嫁接时期。

（1）绿枝嫁接。绿枝嫁接取材方便，操作简单，接口牢固，成活率高。在华北地区，5月中旬至6月上旬，砧木和品种新梢的接穗都能抽出8~9片叶，茎粗达3~5毫米，大部分苗木基部已经达到半木质化程度时是绿枝嫁接的最佳时机。目前绿枝嫁接的方法主要有劈接和插皮接，少量采用搭接。

①劈接。利用当年半木质化的新梢或副梢作砧木和接穗。砧木距地面10~15厘米处剪断，留下叶片，抹除所有芽眼和生长点，用刀片在断面中心垂直劈下，劈口深度略长于接穗楔形削面，选取粗细与砧木相当的接穗，在芽上方1~2厘米和芽下方3~4厘米处剪下，再用刀片从芽下两侧削成长2~3厘米的对称楔形削面，削面要求平滑。然后将削好的接穗插入劈口，使接穗削面基部稍高出砧木2~3毫米，对齐砧木和接穗一侧的形成层，最后用塑料薄膜条将接口和接穗全部包扎严实，仅露出芽眼。

②插皮接。接穗一面削成一个长2~3厘米的斜面，刀片与接穗呈75°~80°角下刀，深达1/3~1/2，然后直下，在对称的一面削一个约0.5厘米长的短削面。砧木剪短后不劈口，用小刀插进木质部与皮层之间撬出一条缝隙，然后将削好的接穗长削面朝里、短削面朝外插进去，用塑料薄膜条绑严，仅露

芽眼。

③搭接。选择与砧木同样粗细的接穗，砧木和接穗都由一侧向另一侧斜削，并使削面长度达2～3厘米，然后相互接合在一起，把接口和接穗用塑料薄膜绑严，仅露芽眼。

（2）硬枝嫁接。硬枝嫁接可采取室内嫁接和室外就地嫁接两种方式，一般在早春温度达到5～6℃时进行，田间嫁接要避开葡萄的伤流期，在早春葡萄伤流之前或砧木萌芽之后进行。田间嫁接方法主要采用劈接（同上），室内可采用劈接或舌接，后者主要用于育苗。

25. 葡萄绿枝嫁接后如何管理？

（1）**及时灌水、抹芽。** 嫁接苗如接前未灌水，接后一定要及时灌足水，嫁接后20天内保持土壤水分充足，地表湿润，这是接芽成活的关键。每隔5～7天抹一次芽及浇一次水，将砧木上发出的萌蘖及时除去，以保证植株将足够的水分和养分集中供给接穗，提高成活率。

（2）**解绑。** 在正常情况下，嫁接后10～15天接芽即能成活解绑；但若接后遇阴雨天气，气温较低，应延迟解绑，否则接芽会干枯死亡，降低嫁接成活率。

（3）**夏剪。** 当接芽当年长到6～10厘米时，应及时立桩绑缚，以防被风吹断。新梢长出5～6片幼叶时，留3～4片叶轻摘心，促进枝芽充实饱满，副梢留2叶摘心。每株砧木有2～3个接芽成活、形成新梢时，可留2个培养成蔓。

（4）**追肥。** 6—7月追施氮肥，每亩用量15千克；8月追施磷、钾肥，每亩用量15～20千克，施肥后及时浇水。

（5）**病虫害防控。** 主要是预防霜霉病，当新梢长到15～20厘米高时，要喷施一次石灰半量式的（1∶0.5∶200）波尔多液，于上架前再次喷施同样浓度的波尔多液，每隔2周左右喷1次药。如发现有少量霜霉病，及时喷施80%三乙膦酸铝（疫霜灵）水分散粒剂600倍液或25%精甲霜灵可湿性粉剂2 500倍液、80%烯酰吗啉悬浮剂2 000～3 000倍液，也可同波尔多液交替使用，要做到"预防为主，综合防治"，减少病害对新梢的危害，保证新梢正常成熟。

26. 如何在葡萄育苗过程中提高嫁接的成活率？

工厂化育苗通常采用枝条离体嫁接，然后催根的方法，嫁接的好坏直接关系育苗效率的高低。通常通过以下5个方面来提高嫁接成活率。

（1）**选择优质接穗。** 选择一年生的生长健壮、无病虫害、充分成熟、芽眼饱满、粗度在0.7～0.8厘米、无冻害的优良品种的枝条作为接穗。

（2）**选择优良砧木。**砧木要选择性状优良、长势健壮、根系发达，具有抗病、抗寒、抗湿、抗盐碱等性状的良种枝条，以用于加温催根前的室内嫁接。

（3）**高效的嫁接方法。**这里主要介绍劈接法。接穗条要有一个饱满的芽，在芽上2厘米，芽下4～6厘米平剪，砧木条剪成15～20厘米长，上端在节前留4厘米左右，下端在节下1厘米处平剪，用清水浸泡12～24小时备用。削接穗时从接穗的芽下1厘米处下刀，两侧各一刀，削成楔形，削面长3～4厘米，两面要均衡平滑。去除砧木条上的芽眼，砧木切削方法是左手拿住接穗顶部，将其基部顶靠在木质的枕墩上，右手用接切刀进行推削，这种方法得到的削面平滑，技术熟练的人每天可削2 000个，速度很快。再将削好的接穗插入接口，至少要对齐一侧的形成层。接穗的削面要露出0.2厘米（俗称露白），以利接口愈合。然后用1厘米宽的塑料条，从下而上进行包裹，将芽眼露在外面，将接穗上端的横截面包裹严后，再从上而下缠回来，在下部打结，要求包裹松紧适度，不留缝隙。

（4）**温床催根。**嫁接完后最好在温床上进行种条催根，以提高成活率。将砧木在400倍液的生根粉中浸蘸5～10秒捞出。种条摆放要求：枝条略倾斜，接穗芽眼朝上摆放，枝条间距1.0～1.5厘米、行距4～5厘米，弯度较大的枝条摆放于两边。摆放完毕后，浇透水。摆放时，接穗芽眼必须露出沙床2厘米以上，嫁接口必须完全埋没沙中；枝条摆放最佳密度为900～1 000株/米^2。

（5）**覆膜搭拱。**在温床摆完种条浇透水后，温床上每隔1.5米用竹坯或冷拔丝搭拱，辅以薄棚膜进行二次覆盖，以利增温、保湿和调控催根温床小气候。

27. 葡萄苗木如何出圃？

苗木出圃前，首先对苗圃内各小区各品种成苗情况进行调查，与规划平面图进行核对，发现差错及时纠正，并重新挂好品种标牌，以免混杂，保证苗木纯度。

露地苗木出圃大都在秋后，一般情况下，北方地区在早霜落叶后进行，南方地区在苗木新梢充分成熟后，叶片产生离层自然落叶后开始出圃，以使营养充分回归于根部。起苗前拆除架材，若土壤干旱，应浇一次透水，待土壤松散后，不同品种逐一出圃，这样才能保根系完整、品种不混。同时对地上部的枝蔓进行修剪，扦插苗保留4～5个芽眼，嫁接苗在接口以上保留3～4个芽眼。营养袋苗的出圃时间要根据用户定植需求和苗木生长情况来确定，一般苗木生长到4～6片叶时，就可以出圃定植。

将出圃的苗木剔除伤、病、弱苗，然后分级捆扎，每20株为1捆，要捆紧，防散失。苗木出圃后进行消毒并及时贮藏，以防根系失水后见水烂根。一般苗木消毒剂可用3～5波美度石硫合剂或1％硫酸铜溶液，浸泡2～3分钟，取出控完水即可。贮藏以沟藏为最好，沟深50厘米为宜，长、宽根据苗量确定。将苗子一捆捆，根向下、梢向上放入沟底，捆间不要过紧，以防烧根、烂根。要用过粗筛的河沙或重沙壤土填埋，边埋边活动捆扎，使沙充分填充于捆间、苗间。填好沙土后，自苗上部以急水向苗灌水，以便将沙最大量地冲入捆间、苗间，一次灌足水，切忌重复，以防因湿度过大而造成苗木烂根。浇完水后，苗上盖10厘米厚的河沙。在气温将降至－5℃时，根据当地气温，酌情盖草防寒，翌年气温回升后，及时逐步去除防寒草，以防气温过高引起发芽、烧根。

28. 葡萄苗怎样分级、包装和运输？

在苗木出圃过程中，绑捆前要进行分级，分级标准按《葡萄苗木》（NY 469—2001）中的苗木质量划分标准，根据苗木的枝干、根系、芽眼以及病虫害危害情况，将苗木划分为一级、二级、三级，共3个等级，具体指标如表2、表3所示。

表2　自根苗质量标准

项目		级别		
		一级	二级	三级
品种纯度		≥98％		
根系	侧根数量	≥5	≥4	≥4
	侧根粗度（厘米）	≥0.3	≥0.2	≥0.2
	侧根长度（厘米）	≥20	≥15	≤15
	侧根分布	均匀　舒展		
枝干	成熟度	木质化		
	枝干高度（厘米）	20		
	枝干粗度（厘米）	≥0.8	≥0.6	≥05
根皮与枝皮		无新损伤		
芽眼数		≥5	≥5	≥5
病虫害危害情况		无检疫对象		

表3 嫁接苗质量标准

项目		级别		
		一级	二级	三级
品种与砧木纯度		≥98%		
根系	侧根数量	≥5	≥4	≥4
	侧根粗度（厘米）	≥0.3	≥0.2	≥0.2
	侧根分布	均匀 舒展		
枝干	成熟度	充分成熟		
	枝干高度（厘米）	≥30		
	接口高度（厘米）	10～15		
	粗度 硬枝嫁接（厘米）	≥0.8	≥0.6	≥0.5
	粗度 绿枝嫁接（厘米）	≥0.6	≥0.5	≥0.4
	嫁接愈合程度	愈合良好		
根皮与枝皮		无新损伤		
接穗品种芽眼数		≥5	≥5	≥3
砧木萌蘖		完全清除		
病虫危害情况		无检疫对象		

葡萄苗木通过检疫后即可外运，在运输过程中为防止风干和受冻，要有合理的包装。一般用双层包装，内用塑料袋以保湿，外用编织袋或麻袋等较耐磨损且便于搬运的材料；如果路途较远，运输时间较长，可在塑料袋内加适量湿锯末（含水量为用手握不滴水为宜），以保证苗木不失水。运输目的地为寒冷地区时，为防止根系受冻，外袋用麻袋；运输目的地为温暖地区时，外袋用编织袋即可。苗木运到目的地后，应尽快打开包装，如有失水现象，可用清水浸泡4～6个小时，取出控水再进行贮藏或定植。

五、葡萄栽培技术

29. 葡萄生长发育对温度有什么要求？

葡萄是喜温果树，在萌芽、开花、结果各个生长阶段，对温度有不同的要求。当温度上升到10℃时，芽眼开始萌动，根系开始活动的温度是7～10℃，新梢生长和花芽分化的适宜温度为25～30℃，低于15℃就会影响开花和授粉受精，果实转色至成熟期的适宜温度是28～32℃。

葡萄栽培受积温（也称有效积温）的影响很大，一般把葡萄发芽起点温度10℃及10℃以上的温度作为有效温度，把这些温度加起来就是有效积温，某地区全年的有效积温就是把全年日平均10℃和10℃以上的温度加起来的总和；某品种所需的有效积温是指该品种从发芽开始到果实成熟这段时期内10℃和10℃以上的温度总和，搞清这两种有效积温，就可测知某品种在该地区能否达到充分成熟进而作为引种和栽培的依据。从品种所需积温多少可知该品种是早熟品种还是晚熟品种。一般早熟品种需2 500～2 900℃有效积温，中熟品种需2 900～3 300℃有效积温，晚熟品种需3 300～3 700℃有效积温，极晚熟品种需3 700℃以上有效积温。

昼夜温差对葡萄品质的影响很大，尤其是对果实糖分的积累。所谓"昼夜温差"是指白天和夜晚之间气温的差别，昼夜温差大的，白天温度高，光合速率高，光合产物多，夜晚温度低，呼吸作用减缓，营养消耗就少，光合产物积累就相对增多，浆果的含糖量高、品质好。因此，昼夜温差大的地区对提高葡萄品质和成熟度极为有利。

葡萄是不耐低温的果树，欧亚种葡萄在低于－16℃冬季休眠，芽眼和枝蔓就会有遭受冻害的可能，美洲种及欧美杂交种葡萄比较抗寒，而东北山葡萄能抗－40℃的低温。葡萄植株萌芽后抗低温能力明显减弱，刚萌发芽眼不抗－3℃的低温，嫩梢、幼叶在－1℃，花序在0℃时均易受冻。二年生以上的老蔓较一年生枝条抗寒能力强些，葡萄的根系较枝条的抗寒能力差，欧洲种葡萄根系在－7℃～－5℃时就能受冻，而抗寒能力强的山葡萄根系也只能抗－10℃左右的低温。因此温度是影响葡萄栽培的首要因素。

30. 葡萄生长发育对光照有什么要求？

葡萄是喜光果树，光照充足的葡萄园，葡萄叶片厚，叶色浓绿有光泽，制造有机物多，果实品质好，产量高，树体健壮；光照不良的葡萄园，葡萄树生长发育受到抑制，新梢纤细，节间长，叶片薄而软，叶柄伸长，花芽分化不良，落花落果严重，浆果色泽差且熟期延迟，同时还会降低树体养分的积累，影响新梢的生长和成熟，降低植株抗寒能力。因此，选地时保证光照充足很重要。

良好的光照条件取决于三方面的因素：一是光合面积（也就是受光叶面积）；二是光合效率（也称叶片光合效能、叶功能）；三是光合时间。光合面积大、光合效率高、光合时间长，那么光合产物就多，即植株自身创造的营养物质就多。我们在栽培葡萄时，安排合理的栽植密度，采用适宜的架形和有效的管理措施，及时合理地进行冬季、夏季修剪工作，都可以有效提高光能利用率，从而获得更多的光合产物。

从实际生产中可以看出，在山地栽植的葡萄品质显著优于平地，除山地排水通畅、土壤通透性好外，山地光照充足、坡地反光能力强是重要原因。因此，不能把葡萄园建在采光不良的地方，棚架架面不能太矮，枝叶不能留得过密，以免影响采光。

31. 葡萄生长发育对水分有什么要求？

葡萄属较抗旱的果树，但要取得优质、丰产，供应足够的水分是十分必要的。葡萄树生长发育离不开水，但是水分过多或不足，对葡萄树生长发育都不利。特别是生长结果的前期和中期，如果土壤水分长期不足，就会影响植株光合产物的形成和果实的正常发育，果粒小，产量低，如果再遇后期多雨，还会造成大量裂果、烂果。葡萄植株在一年里各个时期对水分有不同的需求，生长期需水量多，开花期需水量少；浆果迅速生长时需水量多，成熟期需水量少。葡萄喜欢较干燥气候，相对湿度以 70%～80% 为宜，如空气湿度过大，整个生长季都会招致病害的侵袭。我国新疆吐鲁番市由于气候干燥、雨量小、病害轻，该地也是我国最大的优质葡萄产区。葡萄抗旱但怕秋冬干旱，因为秋冬干旱会大大削弱葡萄的抗寒能力而造成越冬植株的死亡。因此，葡萄园的建立应选择在有排灌条件的地方，以减轻自然降水不足或过多时对葡萄生长造成的不利影响。

32. 葡萄的需水规律是什么？常用的灌溉方法有哪些？

根据葡萄生长发育规律，选择关键时期灌水，水肥一体考虑，尽量减少灌溉次数。成龄树主要在葡萄生长的萌芽期、花前、浆果膨大期和葡萄采收至埋土前 4 个时期，灌水 3～4 次。第一次灌水在葡萄萌芽前后，以促进发芽整齐、新梢健壮；第二次灌水在幼果迅速膨大期，以保障果实和新梢的旺盛生长；第三次灌水在埋土前，灌封冻水，以利于根系和树体的安全越冬。若遇到转色期特别干旱的年份，可结合施肥灌一次水。盐碱地葡萄园春季第一次灌水一定要浇透，起到压碱的作用，防止返盐、返碱。

常用的灌水方法有沟灌、畦灌、漫灌、膜下灌，有条件的果园可采用滴灌、渗灌、喷灌等灌溉方式。对水源困难的山地，可修建集雨工程，实现集雨灌溉，没条件的可采用散穴灌以节约灌水量，可在葡萄根系分布较集中的地方，分挖几个宽 20 厘米、深 30 厘米的灌溉穴或短沟，每穴浇水 15～25 千克，水渗下后盖土保墒。对完全没有灌溉条件的葡萄园，须搞好土壤管理，增加土壤本身的保水、蓄水能力，并采用覆草、覆膜等方法以减少水分蒸发。

33. 葡萄生长发育对土壤有什么要求？

葡萄对土壤的适应性强，从黏土到沙土，从酸性土到碱性土，许多不太适宜种植大田作物的土地，如荒漠、河滩、盐碱地、山石坡地等都能成功种植葡萄，这就是葡萄栽培遍布全国的一个重要原因。这主要是由于葡萄有发达、分布深广且吸收能力很强的根系。但是葡萄在不同类型土壤上的表现是有差异的。

在石灰岩生成的土壤或心土富含石灰质的土壤上，葡萄根系发育强大，糖分积累和芳香物质较多，土壤的钙质对葡萄酒的品质有良好的影响。世界上一些知名葡萄酒产区正是建在这种土壤上。平原土地上的土壤，土层厚、有机质丰富、土壤肥沃，葡萄长势强，粒大穗大，产量高，如果不进行有效控产会造成果实品质下降；黄土丘陵地区，土层深厚，保水、保肥力强，可以进行旱作并能获得优质高产；沙石山上的沙砾土，土层薄、土壤含沙量大、小石砾多，另一类是海滩、河滩的沙土地，其共同特点是保水、保肥力差，但导热性强，透气性好，可以生产优质葡萄。山根沙砾土可进行旱作，若可以在需水期进行适当灌溉就更好，而河滩、海滩的沙地葡萄必须进行灌溉，否则就不能满足植株对水分的需求，以上两种土壤都缺乏有机质，应多施有机肥改善土壤。黏土的通透性差，易板结，葡萄根系浅、生长弱、结果差，有时产量高但品质较差，一般应避免在黏土上种植葡萄。

土壤的化学成分对葡萄植株营养有很大影响。一般在 pH 为 6.0～6.5 的微酸性环境中，葡萄生长结果较好。在酸性过大（pH 接近 4）的土壤中，植株生长发育不良，在碱性较强的环境中（pH 8.3～8.7），葡萄开始出现黄叶病。因此，酸碱度过大或过小的土壤要经过改良后才能种植葡萄。葡萄在果树中是比较抗盐碱的，在苹果、梨等果树不能生长的地方，葡萄能生长良好。但是在严重盐碱化的地区要采取相应的土壤改良措施，比如增施有机肥、客土、限域栽培等，以改善调控根系周围的土壤环境，使其更适宜葡萄的生长。

34. 葡萄生长发育对肥料有什么要求？

肥料是所有农作物进行生命活动的粮食，是农作物高产、优质的物质基础，葡萄也不例外，要生产优质葡萄单靠土壤中原有的营养成分是不够的，必须用施肥来补充。常用的肥料分为有机肥和无机肥两类。

(1) 有机肥。人粪尿、禽粪、圈肥、厩肥、饼肥、堆肥、绿肥等均属于有机肥料。这类肥料养分全面，除富含氮、磷、钾等大量元素外，还含有铁、镁、硼、锌等多种中量、微量元素，还含有大量的有机质，对改良土壤的理化性能、增加土壤团粒结构和改善土壤的通透性有良好作用，而且肥效较长，养分不易流失，是最适宜葡萄生长发育的肥料。有机肥一般都作为基肥使用。

(2) 无机肥。这类肥料包括矿物质肥料和化学肥料两类。如磷矿石粉、石灰、草木灰等属于矿物质肥料；常用的尿素、硝酸铵、氯化铵、碳酸氢铵、过磷酸钙、硫酸钾、二铵、复合肥等统称为化学肥料。这些肥料的特点是肥效较快，所含营养元素比较单一，不含有机质而含有其他化学物质，可作为追肥施用以补偿土壤养分的不足，可根据葡萄不同生长阶段对各种元素的不同需求给予补充。如：葡萄营养生长期和果实膨大期需要较多的氮肥；花芽分化、受精、坐果、促进根系生长时需要较多的磷肥；促进果实着色、增加糖分、促进枝蔓成熟和增强抗冻能力时则需要较多的钾肥，此外还需要硼、镁、铁等微量元素。由于这些肥料不含有机质，如果长期或过量使用会对土壤产生某些副作用；如硫酸铵易把硫酸根离子遗留在土壤造成土壤板结、酸化；氯化铵易把氯离子遗留在土壤引起葡萄植株中毒。因此，生产中要多施有机肥，尽量减少化肥的使用。

35. 葡萄不同生育期需肥特点是什么？

葡萄年生长周期包括萌芽、开花、坐果、果实发育、果实成熟等过程，在不同物候期因生育特性的不同，树体对养分种类及量的需求亦表现不同。从图1可以看出，葡萄对营养元素的吸收自萌芽后不久即开始，吸收量逐渐增加，分别在末花期至转色期和采期至休眠前有两个吸收高峰，高峰期的出现和葡萄根系生长高峰期正好吻合，说明葡萄新根发生与生长和营养吸收密切相关。其中在末花期至转色期所吸收的营养元素主要用于当年枝叶生长、果实发育、形态建成等，在采收期至休眠前吸收的营养元素主要用于贮藏养分的生成与积累。

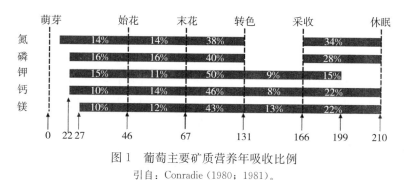

图 1　葡萄主要矿质营养年吸收比例

引自：Conradie（1980；1981）。

36. 葡萄何时施用有机肥？施肥方法是什么？

葡萄正常的生长、结实依赖于土壤养分的充分供应，我国多数葡萄园土壤有机质含量低、结构不良，土壤养分供应状况不佳成为限制葡萄高产、优质的主要因素之一。对于葡萄园，有机肥施用的最佳时期是在秋季果实采收后，此时根系正处于生长高峰，施用有机肥有利于断根伤口愈合和新根生长，根系吸收能力强；有机肥中养分和微生物有足够时间与土壤相融合，有利于翌年春季葡萄的养分吸收。有机肥也可在早春萌芽前至开花前施入，但一般不建议在花期至采收期施用。

有机肥的施用多采用条施法或穴施法。①条施法即沿葡萄行向一边距树干30 厘米开沟，沟宽 30～40 厘米、沟深 40 厘米，将有机肥与土壤混入回填，翌年可在树干另一边交替进行。②穴施法即在距树干 30 厘米处挖直径和深各40 厘米的穴，每株 1～2 个，将有机肥与土壤混入回填，翌年可在紧靠上一年施肥穴的旁边再行穴施，经过 4～5 年可实现全株树盘土壤改良。

关于葡萄有机肥的施用量，国外主要依据有机肥检测报告氮肥供应量换算而定，国内则依靠经验值来施入。根据我国实际种植情况，葡萄园有机肥施入量一般为 2～3 吨/亩，高产园可施入 3～5 吨/亩。

37. 葡萄如何处理有机肥？怎样进行质量检测？

有机肥的处理即原生态的有机肥料在一定条件下、经过一定的时间，经微生物作用和化学反应腐熟发酵，将复杂的有机物质分解成简单化合物、营养物质矿质化和腐质化的过程。处理的主要方法为有机肥料的贮存腐熟、沤制和堆制，时间可为 1～3 个月或更长。处理期间保证合理的通气条件，通气差时，好气微生物活动受阻，腐解缓慢；而通气过旺，有机物强烈矿质化，腐殖质积累较少，有机物和养分损失较多，因此通常在初期要创造良好的好气条件，以加速有机物分解并产生高温，后期保持嫌气条件，有利于腐殖质的形成和减少养分损失。

处理后腐熟的有机肥应具有良好的理化特性，以满足肥料的要求，对有机肥的质量检验应包括以下 7 项内容。①有机肥 pH。即有机肥的酸碱性，大部分腐熟好的有机肥 pH 应为 5.0～8.5，对大多数葡萄园应选择 pH7.0 的有机肥。②可溶性盐含量。可用电导度来表示，大多数有机肥的电导度范围在 1～10 毫西门子/厘米，用于葡萄园的有机肥电导度宜小于 5 毫西门子/厘米。③有机肥湿度。与其原料有关，有机质含量高的原料形成的有机肥含水量较高，一般腐熟后有机肥含水量 50%～60% 为宜。湿度主要影响微生物的活动，从而影响有机肥的肥效。④有机质含量。一般没有硬性指标要求，腐熟好的有机肥有机质含量范围为 30%～70%（以干物质计），当有机质含量超过 60% 时，为非常优良的有机肥。⑤全氮量。全氮即包括铵态氮、硝态氮、有机氮各种形态的氮素，腐熟好的有机肥全氮含量范围在 0.5%～2.5%（以干物质计），稳定的、腐熟好的有机肥的氮素大部分应呈有机态。⑥碳氮比值。即样品全碳与全氮的比值，碳氮比值为有机肥稳定性和氮素状态的指标，碳氮比高（>25）的有机肥会束缚可利用态氮，使之供氮能力差，而碳氮比低（<20）的有机肥有利释放有机氮，并转化成可利用态氮供应葡萄之需。⑦物理性状。可通过看、摸、闻等感观来判断，腐熟好的优质有机肥应表现外观颜色一致、颗粒大小均一、湿度适中、没有刺鼻的味道等。

38. 怎样进行葡萄追肥？

根据葡萄的生长和结果，全年需要追肥的次数应该不少于 3 次。生长季结合果园树势进行追肥，追肥以速效肥为主，每年 3～4 次，分别在出土后至萌芽前追肥促进萌芽；幼果期追肥促进果实膨大；转色期追肥促进果实着色。

（1）第一次追肥。萌芽前追肥。这时葡萄根系刚开始活动，追肥对花芽分化和葡萄前期生长有重要作用，结合灌水追施以氮肥为主，用量为 15～20 千克/亩。可以提高萌芽率，增大花序，使新梢生长健壮，从而提高产量。施肥方法是在离植株 30～40 厘米处，挖 10～15 厘米深的窄沟，施入肥料后浇水、覆土。

（2）第二次追肥。幼果期追肥。可在幼果膨大期，华北地区为 6 月中下旬，进行第二次追肥，这次肥料对生长和坐果，以及新梢生长、花芽分化都极为重要。以氮、磷肥为主，结合浇水追施 15～20 千克/亩，施肥方法同第一次追肥。这次追肥可以促进浆果迅速增大，降低小果率，促进花芽分化和根系生长。但是如果植株负载量不足，新梢已出现旺长，则应控制氮肥的施用。

（3）第三次追肥。转色期追肥。在葡萄进入转色期时，结合浇水每亩追施钾肥 20～30 千克，或者含钾量高的草木灰，施肥方法同上。葡萄是喜钾植物，钾对葡萄最重要的作用是促进浆果成熟、改善浆果品质，施用钾肥，可以增加浆果的含糖量，促进浆果着色和芳香物质的形成。一些有经验的果园很重视这次追肥。

除了这 3 次关键的追肥，还可以在开花前和采收后各增加 1 次追肥。追肥除了结合浇水使用外，当需要补充一些微量元素时，还可以采用叶面喷施的方法。叶面喷施的优点是节省肥料、见效快，特别是补充一些葡萄易缺的微量元素，用叶面喷施效果更好。而对于氮、磷、钾大量元素来说，由于葡萄对其需求量大，最好还是采用土施。

39. 葡萄常用的架形有哪些？各架形适宜的品种与栽植密度是什么？

（1）**水平龙干形**（又称"厂"字形）。水平龙干形篱架栽培的栽植密度一般为行距 1.5～2.5 米、株距 0.75～1.5 米；通常露地栽培的株行距会比设施栽培大一些；适宜该架形的品种有巨峰系品种以及酿酒葡萄品种；红地球、美人指等适宜长梢修剪的品种不适宜采用此架形。

（2）**小棚架**。适宜的栽植密度为行距 4～6 米、株距 1～2 米；该架形适宜的品种有：红地球、美人指、金手指、火焰无核、意大利、克瑞森无核、红宝石无核等。小棚架不仅适宜长梢修剪的品种，同样适宜短梢修剪的品种如巨峰等，较容易发生日灼的葡萄品种更宜采用此架形。

（3）**T 形棚架**。适宜的栽植密度为行距 6～8 米、株距 2～3 米；该架形适宜的品种有红地球、美人指等。T 形棚架与小棚架在本质上是相同的，因此适宜小棚架栽培的品种都适宜采用 T 形棚架整形。

（4）**多主蔓扇形**。适宜的栽植密度为行距 1.5～2.5 米、株距 1～1.5 米；此架形适宜的品种有巨峰系品种及适合中短梢修剪的品种。目前，多主蔓扇形逐渐被水平龙干形所取代。

40. 葡萄水平龙干形（篱架"厂"字形）怎样整形修剪？

水平龙干形是酿酒葡萄和北方鲜食葡萄采取的主要架形，相比传统的篱架（直立或半直立主蔓）栽培，其新梢长势更为均衡，可在一定程度上降低葡萄树的生长势。更为有利的是，这种架式可实现枝叶和果穗的分离管理，可获得较高的果实品质。而且，夏季新梢管理时，很容易分清结果枝和预备枝，管理操作比较简单。

水平龙干形结构：主干下部沿行向具有向前和向行内旁侧两个倾斜度，利于下架埋土，主干垂直高度 80～100 厘米，株距 200～300 厘米，双株定植（每定植穴定植 2 株）；主蔓顺行向方向水平延伸（部分根域限制建园，行距 2～3 米）；新梢与主蔓垂直，在主蔓两侧绑缚倾斜呈 V 形叶幕，新梢间距15～20 厘米，新梢长度 150 厘米左右；新梢留量每亩 3 000 左右，每新梢 20～30 片叶。适于采取 V 形架。

设施葡萄采取此种栽培方式，在开花期前后枝蔓管理也比较容易掌握。水平绑缚的结果母枝中上部（枝条顶端）发出的新梢大多以当年结果为主，即作结果枝；而中后部发出的新梢常留作预备枝，冬季修剪时，即把前面已经结过果的枝条全部剪除，只留下中后部的 1～4 个枝条做长梢修剪，成为来年的结果母枝，如此反复进行更新修剪即可。

对新梢的处理，从始至终要分清当前的树势状况，对于不同的树势，其新梢的处理方法不完全相同。

旺盛的树势，可采取多种方法处理新梢，如：前面的新梢多结果（以果压树，不必每新梢 1 穗，可多留几穗）；对全树的新梢采取晚抹芽定梢以分散营养；对预备枝进行提前摘心并将新梢倾斜绑缚，预备枝根据不同品种可留果或不留果穗（花芽分化不良的品种则不能留果）；主蔓环剥处理等。而对树势中庸的葡萄树，采用正常的花前摘心处理，适期抹芽定梢，将新梢直立绑缚即可。温室葡萄较少会出现长势偏弱的情况，对于弱树来讲，只要适当减少新梢量，少留果穗，适当补充肥水（基肥和复合肥为主，不可单施氮肥），树势会很快得到加强。

嫁接当年，接穗萌芽后选留一个生长健壮的新梢，让其垂直向上生长，当高度超过 150 厘米或到 8 月中旬即截顶，促进新梢的成熟，冬季修剪时一年生枝保留 150 厘米进行剪截。第二年春季萌芽前按同一方向将一年生枝按要求平行绑缚于第一道镀锌钢丝，选留适量新梢沿 V 形架面向上生长；冬季修剪时，将单臂顶端的一年生枝按中长梢修剪（长度不宜超过下一个植株），其余按一定距离进行短梢或中梢修剪，若为中梢修剪，应在临近部位留 2～3 芽的预备枝。第三年春季萌芽后，选留一定量的新梢沿 V 形架面绑缚；冬季修剪时按预定枝组数量进行修剪，即单臂上形成 4～5 个结果枝组，每个结果枝组上选留2～3 个结果母枝进行短梢修剪，其余按 4～6 芽修剪。

41. 葡萄篱架多主蔓扇形怎样整形修剪？

多主蔓扇形具有多个主蔓，在每一主蔓上分生侧蔓或直接着生结果枝组，所有枝蔓在架面上呈扇形分布。生产上篱架栽培的鲜食葡萄多采用无主干的多主蔓扇形，即植株在地面上不具明显的主干，每株有 3～5 个或 7～8 个主蔓，因单篱架或双篱架而异，每一主蔓上可着生 2～4 个或更多的结果母枝和 3～4 个预备枝。这一树形在篱架栽培的鲜食葡萄上应用较多，修剪灵活，容易调节产量，是一种丰产树形，但在修剪不当的情况下，很容易产生上强下弱和主蔓光秃的现象。

植株在定植当年从地面附近可培养 3～4 个新梢作为主蔓，秋后冬剪时，将较粗壮的一年生枝在第一道铁丝高度附近短截；当主蔓数目达到预定要求时，再对 1 个或部分一年生枝留 2～3 个芽短截，以形成较多的主蔓。在第二年冬剪时，在前一年长留枝发出的新梢中，选留其中顶端粗壮的一年生枝作为延长蔓，进行长梢修剪，其余 2～3 芽短截，以培养结果枝组。而前一年短截的枝条，到翌年长出 2～3 个较长的新梢，选留其中粗壮的 1～2 个作为主蔓培养，在第一道铁丝处短截。第三年集中培养侧蔓和分枝，在一个主蔓上可形成 1～3 个侧蔓，每一侧蔓上可形成 2～3 个结果母枝。结果母枝根据品种和强弱的不同，剪留 4～10 个或更多的芽，在主蔓和侧蔓的中部或下部剪留 2～3 芽，作为预备枝，当主、侧蔓延长过度时，可逐步缩回或更新。这样常规的篱架扇形基本成型，整形过程需要 3～4 年时间，管理较好的果园，可达到两年结果成型，三年丰产。

在整形修剪的过程中要注意以下几点：①选留结果母枝时，上部的强枝不要都留下，应只留一小部分，以免影响中、下部枝蔓的生长；②上部强枝结果后应及时回缩更新，结果母枝下方留的预备枝应比较粗壮；③适时更新主、侧蔓，注意侧蔓不要过多，也不要过于粗大，以免造成埋土防寒困难，同时保持主蔓旺盛的生长势。

42. 葡萄篱架直立龙干形怎样整形修剪？

直立龙干形具有通风透光好、光照利用率高、易于提高种植群体密度、获得较高产量等优点。但如果生产中忽视对幼树的整形修剪管理，常会导致树体枝条过密或主蔓空膛脱节、结果部位上移等现象。

定植当年一般选留一个主蔓，保持直立生长，随后只对副梢留 2 片叶进行摘心，当主蔓长至 1.8 米时摘心。冬剪时对主蔓粗度达到 0.7 厘米以上的枝蔓，剪留 40～50 厘米，主蔓粗度在 0.7 厘米以下的枝蔓，剪留 3～4 芽。

对于二年生主蔓延长枝粗度达到 0.7 厘米以上的枝蔓，剪留当年生长长度的 50 厘米左右，对于枝条粗、芽体饱满的主蔓可适当留长，最长留到二道丝附近，并剪除延长蔓上的细弱二次枝。二年生及三年生幼树在留出 20～30 厘米通风带后，抹除同部位多个新梢中的细弱枝条，一般每 15 厘米左右留一个健壮新梢，强旺的主蔓可适当坐果以控制树势，主蔓上的副梢一般留 2 片叶及时摘心，并适当抹除一些过密副梢，既保持较多叶片制造营养，又防止过多副梢分散当年新梢营养，促进冬芽发育。

冬剪时，主蔓上每 15～20 厘米留一个靠近主蔓、粗壮成熟的一年生枝 1～3 芽短截，作为翌年结果母枝，翌年从萌发的新梢中选留 1～3 个新梢作为结果母枝。单株新梢数量一般不超过 25 个。2～3 年架形基本成型。

43. 葡萄 T 形怎样整形修剪？

葡萄 T 形整形具有成型快、结果早、果实品质高和修剪技术简单易学等优点。T 形整形有两种架面，一种是篱架架面，另一种是棚架架面，篱架 T 形在整形修剪上与"厂"字形相似，这里笔者重点介绍平棚架 T 形的整形与修剪。这一架形主要适用于不埋土防寒地区或设施栽培。

（1）骨干架形培养。 苗木定植发芽后，选留一个新梢，立支架垂直牵引后培养成主干，抹除 1.8 米以下的所有副梢，待新梢高度超过 1.8 米时摘心。从摘心后所萌发的副梢中选择 2 个健壮副梢沿行向相向水平牵引，培养成两根主蔓。两根主蔓保持不摘心的状态下持续生长，直至封行后再摘心。

（2）结果母枝培养。 将主蔓叶腋长出的二级副梢一律留 3 片叶摘心。二级副梢摘心留下的 3 个叶片的叶腋间大体均可萌发出三级副梢，留第一个芽萌发的三级副梢，其余抹除，适时牵引其与主蔓垂直生长，形成结果母枝。在结果母枝长度达到 1 米时摘心，摘心后所发的四级副梢一律抹除。只要肥水充足，通常可以保证定植当年主蔓每米留 9～10 个结果母枝。架形基本形成。

（3）冬剪。 当年 12 月至翌年 2 月上旬完成结果母枝的修剪，结果母枝一律留 1～2 个芽进行短梢修剪。

（4）第二年绑梢。 定植第二年从超短梢修剪的结果母枝上发出的新梢，按照 15～20 厘米的间距选留，其余从基部抹除，与主蔓垂直牵引、绑缚。新梢一般着生 1～2 个花序，按照每梢留一个果穗的原则，疏除多余的花穗。

44. 葡萄单十字飞鸟架怎样整形修剪？

单十字飞鸟架是在 V 形架和高宽垂 T 形架的基础上研发而成，具有节约架材、缓和树势、花芽分化好、稳产性好、便于生产操作等优点，适用于南方不埋土防寒区。

（1） 定植当年选留一个主蔓保持直立生长，长至离地面 1.2～1.4 米高时摘心，留顶端方向两个健壮副梢沿行向相向水平牵引，培养成两根主蔓。两根主蔓保持不摘心的状态下持续生长，直至封行后再摘心。

（2）结果母枝培养。 将两根主蔓叶腋长出的二级副梢摘心。对于花芽分化节位高的品种，二级副梢从基部按"5-4-3-2-1"片叶摘心法摘心，培养结果母枝，翌年结果；对于生长势强的品种，待两个副梢长至 3 片叶时再摘心，两边各留两个副梢，其他副梢留 1 叶绝后摘心。冬季修剪时，一律留 1～3 个芽短梢修剪。

（3）春季萌芽后，新梢一律每隔 18～20 厘米等距离保留，其余多余的新梢全部疏除，每根新梢保留一串葡萄。新梢统一向行间生长，牵引至横梁的两道铁丝上，待新梢叶片数量足够时，可进行机械剪梢。沿行向看去整个架面像一只展翅的飞鸟一样，又因支架为十字形，因此叫单十字飞鸟架。

45. 葡萄小棚架怎样整形修剪？

棚架就是在垂直的立柱上加设横梁，在横梁上拉铁丝，形成一个水平或倾斜状的棚面，使葡萄枝蔓分布在棚面上。小棚架架面较短一般在 4～6 米，架高为 1.8～2.0 米，架面 7 米以上的称为大棚架。这一架式具有通风透光好、病害少、便于管理、果品质量高的优点。在辽宁、新疆、河北等地应用较多，新疆的小棚架后部高 1.0～1.2 米，前部高 1.4～1.5 米，架长 4～6 米，棚面拉 6～8 道铁丝。近年，河北、辽宁一些地区的小棚架，后部高 1.5 米左右，前部高 2 米左右。

定植当年的幼树在冬剪时选留 1～3 个健壮成熟新梢，从距地面 0.8～1.5 米处（剪口直径在 1～1.2 厘米）剪截，作为主蔓进行培养。到了第二年，选留的新梢引缚向上生长，其余新梢全部抹除，上部的副梢留 2～4 片叶摘心，所有的二次副梢留 1～3 片叶摘心。当主梢长达 2～2.5 米，顶端生长变慢时进行主梢摘心，以促进枝条充分成熟。冬剪时，对延长梢尽量长留，一般可剪留 2～2.5 米，但剪口直径不应小于 1～1.2 厘米。到了第三年，上年剪留的长枝，本身又是结果母枝，因此第三年可以坐果。冬剪时，除顶端的延长枝继续在棚面延伸外，其余一年生侧枝均留 1～2 芽短梢修剪。以后逐年整形方法与第三年相同，待枝蔓覆盖全部架面时，架形成型，一般需 4～5 年。

46. 葡萄平棚架 H 形怎样整形？

平棚架高 190 厘米，架面用钢丝拉成网格状。沿种植行按 60 米间距纵向拉 9 道较粗（14 号）的钢丝，再按 30 厘米的间距横拉 18 号细钢丝形成网格状的平棚架。定植后，架面与畦面高度达 1.7～1.8 米为宜，方便人员操作管理，通风透光性好。这一架形主要适宜在南方不埋土防寒区和设施栽培应用。

H 形树形结构有 1 个主干、2 个主蔓和 4 个呈 H 形的侧主蔓。主干高 1.8 米，沿树行左右分别培养 2 条主蔓，主蔓高 1.9 米；每个主蔓反方向各培养 2 条长 5 米左右（长度依栽植密度和生长空间而定）的侧主蔓，同方向侧主蔓间距 3 米；在侧主蔓两侧交互培养结果母枝，同侧结果母枝间距约 18 厘米。

每节留 1 个结果母枝，每个结果母枝留 2～3 个芽，每亩留结果枝约 2 500 个。

葡萄 H 形树形整形，一般 1～2 年即能成型，长势好、肥水足的植株当年就能成型。

整形步骤如下。①春季葡萄苗定植后，采取薄肥勤施的方法促进苗木迅速生长，保留前端 3～4 个夏芽一次副梢，及时除去其他夏芽一次副梢，以增进主干生长，为整形修剪奠定基础。②当苗木主干生长到达水平棚架面上时，保留靠近架面的 2 个一次副梢并将主干摘心，以促进其夏芽一次副梢抽生二次副梢，并以"一"字形方式将 2 个一次副梢绑扎于平棚架面上。注意及时绑蔓，保证蔓直形正，在此过程中除保留一次副梢上前端的 3～4 个二次副梢外，及时除去其他二次副梢，以促进一次副梢生长。③当 2 个一次副梢生长接近 1.5 米时，各保留靠近一次副梢前端的 2 个二次副梢，并将一次副梢摘心，以促进所留二次副梢生长，并按与夏芽一次副梢生长方向垂直的方向以"一"字形方式将 2 个二次副梢绑扎于架面上。在此过程中除保留二次副梢上前端的 3～4 个三次副梢外，及时除去其他三次副梢，以增进二次副梢生长。通过上述 3 个步骤，当年 H 形树形已成，至冬季修剪时，保留 1～2 个芽剪截二次副梢作为结果母蔓，翌年抽生结果枝生产葡萄。

47. 葡萄冬季修剪常用的措施有哪些？作用是什么？

葡萄冬季修剪常用的措施有截、疏、缩。

（1）截。又称短截，是把一年生枝剪去一段，留下一段。留 1～3 个芽为重截（也称短梢修剪），留 4～6 个芽为中截（也称中梢修剪），留 7～11 个芽为轻截（也称长梢修剪）。

截的作用有：①可减少结果母枝上过多的芽眼，对剩下的芽眼有促进生长的作用；②把优质芽剪留在结果母枝的顶端，就可萌发优良的结果新梢；③根据整形和结果需求，调整新梢密度和结果部位，需要新梢多而原结果母枝少的要适当长留，需新梢少而结果母枝多的可短留；④中、强程度的短截，促使多发健壮新梢而起到加密补稀的作用，重截会减少新梢量而起到疏密、促生长的作用。

（2）疏。又称疏枝，是将整个枝蔓（包括一年生和多年生枝蔓）从基部剪去。

疏的作用有：①疏去过密枝，改善光照条件和营养物质分配；②疏去老、弱枝，留下新、壮枝，以保持树体生长势；③疏去过强的枝和徒长枝，留下中庸健壮枝，以均衡树势；④疏去病、虫枝，防止病虫的危害和蔓延。疏剪时剪、锯口不要太靠近母枝，以免因伤口向里干枯而影响母枝养分的疏导。

（3）缩。又称缩剪，把两年生以上的枝蔓去一段，留一段。

缩的作用有：①可以更新转势，因剪去前段老枝而留下后面新枝，使新枝因顶端优势而生长旺盛；②常规的整形修剪，往往由于顶端优势易使结果部位前移和上移，可利用缩剪的方法，缩剪在下部适当位置的枝、芽上，便可把结果部位降下来；③缩剪是剪去多年生枝蔓的一部分，势必剪去一定数量的一年生枝，起到疏除密枝、改善光照条件的作用，同时缩剪也可起到去强留弱，均衡调节树势的作用。

48. 葡萄夏季修剪常用的措施有哪些？作用是什么？

葡萄夏季修剪是上年冬剪的继续和下年冬剪的准备，具有承前启后的作用，在全年的修剪和管理中占有重要地位。冬剪只能粗略地确定枝、芽的质量和数量；夏剪则需要细致地确定新梢数量，并运用各种措施促进、控制新梢的生长势和生长量，改善通风透光条件，节省养分，减轻病虫危害，提高果实品质和促进花芽分化。

夏季修剪常用的措施有：抹芽，定梢，摘心，去副梢，除卷须和疏、截新梢等。

（1）抹芽。葡萄萌芽后，留下健壮的、位置好的芽，将无用芽除掉。抹芽多在新梢开始生长至展叶前进行。应抹去弱芽、过密芽、老蔓上萌发的无用隐芽。1节上萌发2～3个芽时，留主芽去副芽。

（2）定梢。去掉发育不良、花序少而小的过密枝蔓。一般情况下，单篱架可每10厘米留1个新梢，双篱架每10～15厘米留1个新梢，棚架每平方米留约20个新梢为宜。如果结果蔓区分率低、植株负载量不足时，除将结果蔓全部留下外，根据架面疏密程度，还要留一定数量的发育蔓。

视频 1
葡萄定梢

（3）摘心。结果新梢摘心，一般于初花至盛花期进行，即在花序以上留6～8片叶并摘去先端的嫩梢；主蔓延长蔓生长到16～20片叶、预备蔓生长到8～10片叶时进行摘心。同时摘除病叶，常见病害如黑痘病、毛毡病、霜霉病等，以减少病害的蔓延。

（4）去副梢。在副梢萌发后，将花序以下全部副梢从基部去掉，花序以上副梢留1～2片叶摘心；枝蔓顶端附近的副梢可留2～3片叶摘心，以减少冬芽萌发；还应剪掉多余无果穗的发育枝、隐芽枝、过密弱枝。

视频 2
葡萄除卷须

（5）除卷须。对葡萄卷须如果不加处理而任其在架面上缠绕，将给新梢正确引缚、采收、冬剪和下架工作带来不便，而且卷须还消耗大量养分，应结合夏剪及时摘除卷须。

（6）疏、截新梢。 在夏季修剪中，往往由于定植时留梢量过多，抹芽不彻底，没有及时抹除萌蘗梢、隐芽梢和对副梢处理不彻底，而造成架面郁闭，可在 7—8 月疏去和截短细弱蔓、密集蔓、徒长蔓和交叉重叠的枝蔓，并要及时截去葡萄植株患白腐病的部分。

49. 葡萄春季如何出土上架？

早春气温升降变化很大，干旱多风，故葡萄不宜过早出土。一般当气温稳定在 10℃左右，地温在 5℃以上时，开始葡萄的出土工作。河北中南部地区一般在 3 月中下旬进行，河北北部及东北等地在 4 月中下旬进行。首先，沿葡萄行向的东侧或南侧，先将埋在枝蔓上的部分土去除，露出枝蔓以便通风，这样可以尽快放掉贮藏在枝蔓周围的湿气，使高湿和高温不能同时存在，减小枝条及芽眼发生霉变的概率。同时留下北侧或西侧的防寒土，在低温来时尚有保护，又不至于因风干而发生抽条现象，确保枝蔓完好越冬。等气温尤其是夜间温度基本稳定时，再将埋在葡萄枝蔓上的全部防寒土去除。

视频 3
葡萄绑梢

（1）上架绑蔓。 ①首先，要注意按照前一年原有架形，使枝蔓在架面上均匀分布，将各主蔓尽量按原来生长方向绑缚于架上，保持各枝蔓间距离大致相等。主蔓上部侧蔓以及结果母枝，皆力求在架面上均匀分布，避免枝蔓的交叉、重叠、密挤。②结果母枝的绑缚要特别注意，除了要分布均匀外，还要避免垂直引缚，以缓和枝条的生长势，一般可呈 45°角引缚，长而强壮的结果母枝，可偏向水平或呈弧形绑缚，以促进下部芽眼萌发和均衡各新梢生长。③葡萄绑蔓可用铁丝、塑料绳、麻绳、布条、稻草、玉米皮等多种材料绑缚，绑蔓时要注意给枝条的加粗生长留有余地，又要在架上牢固附着。通常使用“8”字形引缚，使枝条既不直接靠近铁丝，又有增粗的余地。也可采用绑梢机绑梢，绑梢速度快，节省用工，成本低。

（2）病虫害综合防治。 出土后至萌芽前，刮除枝干上老翘皮，然后全园喷洒 3~5 波美度石硫合剂，或者用 50% 甲基硫菌灵悬浮剂（赞亩施、甲托）800 倍液喷施 1~2 次（若喷洒 2 次应间隔 10 天左右），以降低越冬虫口密度和病原菌基数，减轻生长季危害。刮下的老翘皮清扫干净，集中烧毁或处理。

（3）注意事项。 出土时要谨慎小心，不要对树体造成伤口。自然条件下，春季葡萄从树液开始流动到发芽一般需要一个月左右，出土前后根系已恢复活动，这时严禁在植株上动剪或造成伤口，导致树体伤流，损失大量树液和养分，严重时会造成树体死亡。

50. 葡萄大小粒形成原因及影响因素是什么?

葡萄大小粒的形成主要与授粉受精不良和树体营养及生长势不佳有关。

(1) 授粉受精不良。 良好的授粉受精可使葡萄果实在发育过程中成为生长中心,可调运营养,满足果实迅速生长发育之需。如果部分果实授粉受精不良,会继续发育成无籽果;这些无籽果的发育受阻而形成小果。

(2) 营养过剩。 葡萄前期如果生长势过于旺盛,营养生长过强,营养生长与生殖生长不平衡,花芽分化过程中生殖细胞分化不良,常常加重果实大小粒现象的发生。

(3) 营养不平衡。 生产上前期如果施入氮肥过多,营养元素供应不平衡,尤其是缺乏锌元素时,会导致果实大小粒现象发生。还有供水过多,修剪不合理等,均易导致果实出现大小粒现象。

51. 如何防止葡萄大小粒现象?

在生产中做到以下几点可以有效防止葡萄大小粒现象发生。①合理修剪,调节树势。对新梢摘心时间和强度及副梢处理方式上,务必考虑品种特性,因品种而异。②平衡施肥,控制氮肥施用量,对缺锌植株及时补充锌肥。③花前使用硼肥,促进授粉受精。④合理灌溉,花前控制水分供应,减少枝梢旺长。⑤及时进行花果管理,如疏花序、疏果穗、疏果粒等,保证养分的充分供应。

52. 葡萄如何保花保果?

葡萄花蕾很多,生理落花落果属于正常现象,但是容易出现落花落果较重的情况,尤其是巨峰葡萄,落花落果较重。常用的保花保果措施有以下几个方面。

(1) 合理负载,改善树体营养状况。 葡萄园连年产量在高位运行,树体营养物质被大量消耗,造成树体衰弱、营养不良,不能满足翌年生长、开花、授粉及受精对养分的需求,造成严重落花落果。葡萄园负载量小,树体营养过剩会导致枝条过旺生长,造成花芽分化及授粉受精不良,引起落花落果。如果把葡萄产量控制在合理的范围内,平均亩产控制在 1 500 千克左右,最多不超过 2 000 千克,既能保证连年稳产,又能保证花芽分化和授粉受精的养分供应,实现保花保果。

(2) 及时抹芽、定梢、适时摘心。 及时抹芽、定梢和摘心可减少养分的过量消耗,促进花芽的进一步分化,调整营养生长和生殖生长的关系,能使更多的养分向花序转移,保证开花、授粉、受精的养分供应。

(3) 及时对花序进行整形。 根据负载量和新梢的生长情况,及时疏除多余的花序，一个新梢上最好留 1 穗果，壮梢可以适当留 2 穗。对留下的花序也要及时去副穗、疏小穗、掐穗尖和疏穗，使养分的供应更加集中，满足开花、授粉受精及坐果的养分需求。

（4）花前喷硼。在开花前两周，喷施保倍硼，可促进花粉萌发和花粉管的伸长，能明显提高坐果率。

（5）环剥。始花期进行结果母枝环剥可明显提高坐果率。方法是：在结果母枝着生果穗的下面 3 厘米处或前一个节间，用环剥刀或芽接刀进行环剥，剥口宽 0.2～0.3 厘米，深达木质部，剥口立即用塑料条包严，以利于愈合。

（6）重视花前病虫害的防控。加强萌芽前后及花前病虫害的防控工作，做到"预防为主，综合防治"，保证植株，尤其是花序不受病虫害的侵染，提高坐果率。

53. 葡萄如何疏花？

葡萄一个花序中可有 300～1 500 个花朵，严重超过为形成饱满的果穗所需要的果粒数。因此，为了让花朵更好发育，将发育差的弱小花序和分布过密或位置不适当的花序疏掉，使养分集中供应留下的优良花序。同时根据植株负载量的要求疏除过多的花序，以保证养分供应。

葡萄花蕾很小，对葡萄疏花，不是疏除单个的花蕾，而是通过掐穗尖、疏小穗、去副穗来实现的。花穗整形一般在开花一周前进行。

（1）无核化栽培。巨峰系品种如巨峰、藤稔、夏黑、先锋、翠峰、巨玫瑰、醉金香、信浓笑、红富士等一般留穗尖 3～3.5 厘米、8～10 段小穗、50～55 个花蕾。二倍体品种（包括三倍体品种），如魏可、红高、白罗沙里奥等一般留穗尖 4～5 厘米。幼树以及促成栽培的、坐果不稳定的植株适当轻剪穗尖（去除 5 个花蕾左右）。

（2）有核栽培。根据商品果穗的形状不同，而采用不同的果穗整形方法。①常规栽培。花穗留先端 18～20 段，8～10 厘米，穗尖去除 1 厘米。如巨峰系品种的果穗要求成熟果穗呈圆球形（或圆筒形）400～500 克，整穗时期一般以小穗分离，小穗间可以放入手指，开花前 1～2 周到满开为宜。整穗过早，不易区分保留部分，整穗过迟，影响坐果。②栽培面积较大。先去除副穗和上部部分小穗，到时保留所需的花穗。花穗整形方法：副穗及以下 8～10 小穗去除，保留 15～17 段，去穗尖；花穗很大（花芽分化良好）保留下部 15～17 段。

54. 葡萄如何疏果？

在经过掐穗尖和花序整形后，花序中坐果果粒数会减少很多，但有时为了生产果穗整齐、果粒大的葡萄，还需要将过多的果粒除去。疏果粒可以显著改善果穗与果粒的外观品质，在坐果良好的基础上合理疏果，是提高鲜食葡萄品质的重要途径之一。

疏果宜在花后坐果稳定过后立即进行。通常与疏穗一起进行，如果劳动力充足也可以分开进行，对大多数品种在结实稳定后越早进行疏粒越好，增大果粒的效果也越明显。但对于树势过强且落花落果严重的品种，疏果时期可适当推后；对有种子果实来说，由于种子的存在对果粒大小影响较大，最好等落花后能区分出果粒是否含有种子时再进行疏果为宜，比如巨峰、藤稔要求在盛花后 15～25 天完成这一项作业。

留果量要根据树的负担能力和目标产量来决定。树体的负担能力与树龄、树势、地力、施肥量等有关；如果树体的负担能力较强，可以适当地多留一些果穗；而对于弱树、幼树、老树等负担能力较弱的树体，应少留果穗。通常花前除花序的程度可以是预留目标产量的 2～3 倍，花后除果穗可以是预留目标产量的 1.5～2 倍，最后达到 1.2 倍左右。

疏粒方法：不同的品种疏粒的方法有所不同，主要分为除去小穗梗和除去果粒两种方法，对于过密的果穗要适当除去部分支梗，以保证果粒增长的适当空间，对于每一支梗中所选留的果粒也不可过多，通常果穗上部可适当多一些，下部适当少一些，虽然每一个品种都有其适宜的疏粒方法，但只要掌握了留支梗的数目和疏粒后的穗轴长短，一般不会出现太大问题。

55. 葡萄生产中常用的生长调节剂有哪些？使用时的注意事项有哪些？

常用的植物生长调节剂有五类，即生长素（Auxin）、赤霉素（GA）、细胞分裂素（CTK）、脱落酸（ABA）和乙烯（Ethyne，ETH）。它们都是些简单的小分子有机化合物，但它们的生理效应却非常复杂。例如，从影响植物细胞的分裂、伸长、分化到影响植物发芽、生根、开花、结实、性别的决定、休眠和脱落等。

植物生长调节剂在使用中的注意事项有以下 4 个方面。

(1) 肥水管理是基础。植物生长调节剂是生长调节物质，不是营养物质，也不是灵丹妙药。葡萄高产、优质、高效益的获得，必须以合理的肥水和田间管理为基础。只有充足的肥水保证树体有足够的营养物质，使用生长调节剂才能有好的效果。管理粗放，树体营养严重不足时，即使使用生长调节剂，也不会有好的效果。换句话，弱树不能靠喷膨大剂增大果粒、提高产量和品质。

(2) 树体状况、环境条件不可忽视。树体状况和环境条件对生长调节剂的使用效果影响很大。葡萄品种、树势、树龄不同，生长调节剂的使用效果可能会有很大不同，比如同一剂量的膨大剂用在壮树上和弱树上使用，效果会大不相同，甚至会完全相反；不同的品种使用效果也可能不相同。不同的地区、气候对生长调节剂的使用效果也有影响，比如在南方地区使用效果较好的生长调节剂，在北方却不一定能达到同样的效果。因此，使用生长调节剂前最好先做小面积试验。

（3）施用时期是关键。同一种植物生长调节剂在不同的时期使用，效果大不相同。如 GA_3 在花前不同时期使用可分别用于拉长花序、无核化处理果粒等，使用时期不当容易造成小青果，影响产量和品质；花后坐果期使用 GA_3 可以使果实膨大、提高产量。因此植物生长调节剂使用时期的适当与否是直接导致效果好坏的关键，确定使用时期显得尤为重要。

（4）用量、用法要仔细。不同药剂的有效浓度范围不同，药效持续长短也有差别。浓度过低达不到理想的效果，但浓度过高又容易造成药害，同时会产生一些负效应。如生长素对植株发芽和生长方面，在低浓度时起促进作用，在高浓度时起抑制作用；同样，GA_3 在促进果实膨大方面，较高浓度 GA_3 容易降低果实可溶性固形物含量。不同的使用方法同样会产生不同的效果，如对果实处理时，蘸穗和整株喷施的效果有很大不同，蘸穗，药剂只作用于植株的局部，作用效果单一，药效时间短；整株喷施，药剂不仅对果实有效果，还对枝条和叶片产生作用，甚至还会影响第二年的花果情况。因此，在使用生长调节剂时一定要确定合理的用量和用法。

56. 葡萄常用的膨大剂的使用方法是什么？

市场上葡萄膨大剂可谓是五花八门，名目繁多，但是究其根本，其主要的有效成分是 GA_3、CPPU 和 TDZ 三种。葡萄膨大剂是通过提高果实中细胞分裂素的含量，增加单位体积的细胞数量，增强细胞横向增生能力来加速果实前期的生长发育；果实后期的膨大主要靠生长素含量提高。但任何膨大剂的使用都要结合良好的栽培技术才能有好的效果，具体而言就是要有足够的叶面积，并结合合理的疏穗、疏粒工作。表4、表5就生产中常用的几种膨大剂的使用方法做简要介绍。

表 4　部分葡萄品种 CPPU、TDZ 的处理方法

品种	使用目的	使用时期及方法	使用浓度（毫克/升）
巨峰、醉金香	防止落花落果	始花期至盛花期喷穗	2.5～5

（续）

品种	使用目的	使用时期及方法	使用浓度（毫克/升）
巨峰、醉金香、巨玫瑰	促进果粒膨大	盛花后 10～15 天蘸穗	3～5
藤稔	促进果粒膨大	盛花后 10～15 天蘸穗	5～10
夏黑	促进果粒膨大	盛花后 10～15 天蘸穗	2～5
翠峰	一次处理无核	盛花至盛开 3 天蘸穗	5～10
无核白鸡心	促进果粒膨大	盛花后 10～15 天蘸穗	2～5

表 5　GA$_3$ 在葡萄生产上的主要使用方法

品种	使用目的	使用时期及方法	使用浓度（毫克/升）
果穗紧的品种	拉长花序	开花前 15～20 天蘸穗	3～5
巨峰、醉金香、巨玫瑰、藤稔	无核	开花前后和花后 10 天两次蘸穗	第一次 10～25 第二次 25
巨峰、先峰、醉金香、巨玫瑰、藤稔	无核、果实膨大	开花前后和花后 10～17 天两次蘸穗	第一次 10～25 第二次 25
夏黑	促进坐果、果实膨大	盛花和花后 10 天两次蘸穗	两次均为 50
翠峰	无核、果实膨大	开花前后和花后 10～15 天两次蘸穗	第一次 12.5～25 第二次 25

57. 为什么要进行葡萄果实套袋？

葡萄果实套袋是提高葡萄果实外观品质，保持果粒完整，减少病虫危害的重要措施。首先，果实套袋能使果实着色更加均匀，果粒保存完整，提高果实的洁净度，无果锈、无药斑、无枝叶磨痕，果实色泽更加靓丽美观；其次，果穗套袋后减少了药剂的污染，降低了农药残留及病、虫、鸟、冰雹、日灼对果实的危害；最后，无病虫侵染的果实，其货架期及贮存时间可延长，与不套袋相比，葡萄果实的商品性大大提高。因此，葡萄套袋管理对生产无公害优质果品意义重大，提倡生产中进行套袋栽培。

58. 葡萄如何套袋？

套袋前要针对果穗进行病虫害防治，一般在疏果结束后，套袋前 1～2 天使用合适的农药涮果穗，也可喷施，前者效果更好。常用的药剂有 25% 嘧菌酯悬浮剂（保倍）1 500 倍液＋22% 抑霉唑水乳剂（凡碧保）1 500 倍液＋40% 苯醚甲环唑悬浮剂（汇优）3 000 倍液处理果穗，可有效防治果穗病害。

果袋应选择已在国家注册的正规厂家生产的纸袋，正规纸袋应具有较大的强度，耐风吹雨淋，不易破碎，有较好的透气性、透光性，避免袋内温度、湿度过高。同时，根据不同地区雨水和光照强度选择不同厚度的纸袋，根据不同品种着色的需求选择不同颜色的纸袋，如白色纸袋上色较好，黄色果袋不容易造成日灼，各种颜色的纸袋各有利弊。

套袋时间一般在葡萄开花后 20 天左右，即生理落果后果实黄豆粒大小时进行套袋。原则是根据实际越早越好，提倡适当早套袋，可以防止幼果日灼，减少感病机会。一般情况在疏果结束后喷药，药滴晾干后立即套袋。套袋时还应避开雨后及高温天气。

套袋前将整捆果袋放于潮湿处或在果袋口上喷些温水，使之返潮、柔韧。撑开袋体，托起袋底，使两底角通气孔打开，袋体膨起后，手执袋口下 2～3 厘米处，袋口向上或向下，小心地将果穗轻轻装入袋的中部，将纸袋口捏在穗轴或结果枝上套在果穗上。从袋口两边由外向内折叠到果梗处，使果梗处在中间，让果穗悬空在果袋内，以防止袋体摩擦果面，折叠袋口并用封口铁丝夹住或用绑丝缠绕，绑口要紧，以免害虫爬入袋内危害果穗或雨水顺穗轴流入袋内造成病害侵染。

59. 葡萄夏季结果枝如何管理？

为了提高葡萄的坐果率，在开花前 3 天应对新梢进行一次摘心，尽量控制生长点以节约营养供开花使用。摘心程度一般以留 7、8 片叶为宜，并且留下的叶片要求达到正常叶片的 1/3 以上。这样一来，叶片进行光合作用制造的碳水化合物除满足自身的生长需要外，还有多余的营养向外输送。同时除去所有卷须和果穗以下副梢。果穗以上副梢留 1～2 片叶摘心，顶梢要反复摘心；转色期可在果穗下 1～2 节处进行环剥，以保证养分对果实的供应，促进坐果和果实着色。

60. 怎样提高葡萄果实的外观品质？

改善果实的外观品质，在实践生产中主要通过以下措施来实现。

（1）果穗整形。根据树体的营养状况和负载量（巨峰葡萄的负载量一般不超过 2 000 千克/亩），在花序展开后疏除过多或弱小的花序，一般一个结果母枝留一穗果。开花前完成果穗的整形，主要包括去除花序上的副穗及大的分穗轴，以保持成熟后果穗的紧凑；掐穗尖，去掉花序 1/4 的穗尖；然后每三个小穗去除一个小穗，避免果穗过紧，同时也免去了日后疏果粒的程序。对商品果穗有特殊要求的果园，如要求果穗呈圆锥形，则可以把整个果穗的上部 2/3 全部疏除，只留下部穗尖 1/3，然后等坐果后再疏果粒。

（2）果实膨大处理。目前生产上使用膨大剂比较盲目，不论品种一概使用，为追求大果粒不惜使用大剂量，这种做法不值得提倡。生产过程中尽可能不使用生长调节剂，对于果粒过小的品种，如无核品种可以使用微量的膨大剂，以提高商品性。具体方法：在花后 3～7 天使用浓度不超过 25 毫克/升的赤霉素水溶液蘸穗。不过使用效果因不同品种和树势有较大差异，在大规模使用前一定要先做小范围试验。同样地，在花后 7～10 天进行环剥处理也能达到增大果粒的效果，一般在结果枝基部果穗下 3 厘米处，环剥 3～5 毫米，将切口内皮层取下，伤口用塑料薄膜包扎；环剥还能提高果实的含糖量。

(3) 果实套袋。套袋可以提高果面的光洁度，减少农药残留。套袋一般在疏完果粒后进行，疏粒结束后立即喷施或蘸穗，可用 25％嘧菌酯悬浮剂（保倍）1 500 倍液＋22％抑霉唑水乳剂（凡碧保）1 500 倍液＋40％苯醚甲环唑悬浮剂（汇优）3 000 倍液，待药液干后立即套袋。果袋要选用大厂家生产的质量好的葡萄专用袋，多雨地区使用的果袋厚度不低于 38 克/米^2。套袋后要定期检查，发现问题及时补救。对于有色品种，要在采收前 10～15 天及时摘除果袋和果穗上部挡光叶片，果穗转换位置 1～3 次，使果粒全部着色。

(4) 做好病虫害防控工作，减少果实病害的发生。套袋后以使用铜制剂为主，10～15 天喷施 1 次波尔多液，保证叶片完好，制造充足养分供给果实生长发育。采前 1 个月内尽量不喷药，降低果实农药残留。

61. 葡萄常见的行间管理形式有哪些？

葡萄园行间管理主要是为葡萄根系的生长创造适宜的环境，尽可能地满足其对温度、空气、水分和养分的需求。常用的行间管理形式有清耕、行间覆膜、行间生草和行间套种等形式。

(1) 清耕。是通过经常耕耘来保持果园地面无杂草和土壤表层疏松的土壤管理方法。清耕的优点是：通风透光性好，尤其是密植园；清耕条件下，果园易做到较彻底的清园，清园加深翻土地，以农业防治控制病虫害效果较好；技术简易，物力投入小。但是清耕的缺陷也很明显：长期清耕，破坏土壤结构，表层水土肥易流失，表层以下有一个坚硬的"犁底层"，影响通气和渗水；土壤有机质含量下降得快，对人工施肥，特别是对有机肥的依赖性大；长期清耕后，果园害虫天敌数量会急剧减少；清耕管理，劳力投入多，成本高。清耕法通常在我国北方埋土防寒地区应用较多，由于秋季需要取土，春季要出土，因此，绝大多数葡萄园土壤都保持清耕状态。

(2) 行间覆膜。是指在葡萄的行间覆盖上黑色的塑料膜。行间覆膜的好处很多：一是可以提高早春地温，促进葡萄根系及植株的生长；二是可以有效抑制杂草生长，避免使用除草剂和人工锄草；三是可以长时间保持土壤墒情，减弱土壤水分蒸发，降低果园湿度。但是长期覆膜易导致土壤板结。覆膜目前在露地葡萄园应用还不多，在设施中应用较为普遍。

（3）**行间生草**。是指在葡萄园的行间人工种草。行间生草的好处有：一是能提高土壤有机质含量，种草 5 年后的土壤，其有机质含量可提高 1% 左右；二是可以调节土壤湿度，提高水分利用率，种草果园春季土壤含水量可增加 2%，遇雨季草又可吸收并蒸发水分；三是可以提高营养元素的有效利用率，草对氮、磷、铁、钙、锌、硼等元素有较强的吸收力，它们通过草的转化，可由不可利用态变成可利用态，如每亩白三叶草根系一年可使土壤增加的氮素相当于 15 千克尿素；四是可以调控土壤温度，生草覆盖可使果园土壤温度变幅小，冬季土封冻晚、冻层浅，早春解冻早，盛夏土温不高；五是能增加害虫天敌数量，减少农药投入，降低农药残留。行间生草在市郊的观光园较为常见。

（4）**行间套种**。葡萄园行间套种其他经济作物，不仅可以充分利用土地，实现增收，还是生物防治病虫害的一种有效途径。例如在不埋土防寒地区，成年葡萄园棚架下可以长期间作草莓、食用菌等耐阴经济作物；埋土防寒区行间距大的葡萄园可间作花生等矮小的作物。间作物必须与葡萄植株保持适当距离，通常不少于 50 厘米，以免影响葡萄正常生长和田间管理。

62. 什么是葡萄根域限制栽培？

根域限制栽培是指利用一些物理或生态的方法将果树根域封闭在一定的容积内以限制其无序生长的一种新型栽培模式。其原理是将果树根系置于一个可控的范围内，通过控制根系生长调节地上部和地下部、平衡营养生长和生殖生长的，一改"根深叶茂"的传统理念，具有肥水高效利用、投产早、产量高、果实含糖量高、风味色泽好和成本低等极显著优点。

葡萄简易根域限制栽培程序是挖沟、培土、定植、滴灌。首先在地面按 6～8 米的间距开宽 0.8～1 米、深 0.5～0.6 米的沟，并在沟底开挖排水沟，在沟壁和沟底覆盖 8～10 毫米厚的塑料膜，在其上安放渗水管（外径 8～10 厘米），渗水管上覆盖无纺布，防止泥土堵塞渗水管孔。开挖限域栽培沟的面积占葡萄园面积的 15%～25%。沟挖好后，用 1 份有机肥和 6～8 份表土混合后填入沟内，并高出地面 20 厘米，每亩施有机肥 6～8 米^3。填好土后按株距 2 米定植，然后充分滴灌。地上部的管理与常规栽培一样。

63. 北方葡萄怎样进行埋土防寒？

生产上栽培的大部分葡萄，其芽眼在冬季只能忍受 −16℃的低温，根系的抗寒能力更低，一般地温达到 −7～−5℃时就会发生冻害，因此黄河以北地区的葡萄一般需埋土防寒。埋土防寒一般应在封冻之前进行，河北中南部一般在

11 月上中旬进行。葡萄冬剪完成后，要全园喷施 1 遍 3～5 波美度石硫合剂，以降低果园病原菌基数。秋季干旱的果园要在埋土防寒前 3～5 天浇封冻水，以增加土壤墒情，提高防寒质量。

　　常用的埋土防寒方法有两种。①地上埋土防寒法。即将枝蔓顺着行向平放在地面上，用草绳捆成一束，然后直接用土覆盖，覆土时土块一定要打碎盖严，以免透风，取土部位尽可能远离根系，以减轻根系冻害。②地下埋土防寒法。在株间或行间挖临时性防寒沟，沟的大小以可以放入枝蔓为宜，可将枝蔓按其爬向压入已挖好的防寒沟内，埋土防寒，覆土厚度因地区气候条件而异。在操作过程中，应谨慎小心，勿折伤枝蔓和碰伤芽眼。

　　目前，生产中除了埋土防寒外，还有一些果园应用新式的防寒材料代替埋土防寒，如用黑心棉做的防寒被、无纺布，玻璃棉制成的保温棉被等防寒材料。防寒时将植株按其爬向压倒在地面或防寒沟内，然后用防寒材料覆盖越冬，也取得了一定的防寒效果。

六、葡萄病虫害防治和自然灾害预防

64. 如何对葡萄的病虫害进行综合防治？

"预防为主，综合防治"是我国的植物保护工作方针。"预防为主"，就是根据具体情况，针对一定区域内作物的主要病、虫、草害在需要和可能的范围内，优先选择和安排能起预防作用的防治措施或方法，防患于未然。"综合防治"指将多种可行的和必要的技术措施合理运用，把有害生物的群体数量与为害程度控制在经济损失允许水平以下。该植保方针在葡萄病虫害防治中同样适用。在不同葡萄产区，因地制宜，结合不同种植模式和气候特点，综合协调配套使用不同类型的防治措施，是做好葡萄病虫害防治的关键。

（1）抗病虫品种和脱毒苗木的使用。不同的葡萄种植区域由于气候特点不同，病虫害发生的类型也有所不同，应该根据当地的病虫害发生特点，有意识选择对当地主要发生的病虫害有抗性的葡萄品种；葡萄病毒病可以通过苗木传播，因此在栽培中需要优选脱毒苗木。

（2）农业防治。就是利用农业生产中的耕作栽培技术，创造有利于植物生长而不利于病虫生存的环境条件，从而达到控制病虫害的目的。比如清园、合理管理水肥、套袋管理、中耕除草、地膜覆盖、设置不同架形和适度修剪等，都属农业防治范畴；设施葡萄还可以通过调节棚内温湿度来达到有效防控病害的目的，葡萄避雨栽培可以有效减轻多种病害的发生程度，是近些年推广使用的有效防治手段。

（3）生物防治。是指利用对植物无害或有益的生物来影响或抑制病原物、害虫的生存活动，从而减少病虫害的发生或降低病虫害的发展速率。葡萄栽培中可以利用捕食性草蛉、瓢虫、蜘蛛、螳螂、肉食螨等和各种寄生蜂来防治虫害；利用白僵菌和绿僵菌等防治地下害虫等；利用枯草芽孢杆菌来防治葡萄灰霉病和蔓枯病；利用真菌防治线虫等。

（4）物理防治。是指利用物理或机械的方法来防治植物病虫的措施，包括高温处理葡萄扦插枝条或种子、土壤火焰消毒、田间摘除感病组织、辐射保鲜等措施；防控害虫的捕杀措施、诱杀措施、阻隔分离、温湿度的利用、射线或微波等新技术的应用都属于物理防治范畴。

（5）**化学防治**。是指利用化学药剂来防治病虫害，是综合防治中的一项重要措施。与其他防治措施相比，化学防治有独特的优势，如见效快、防治效果好、应急性强、用法简便等。但使用不当，可能造成人畜中毒，葡萄药害和抗药性产生，葡萄农药残留和水、土环境污染等。因此，生产过程中必须针对病虫防控关键环节，科学合理使用化学农药。

65. 葡萄生产中如何选择农药？

葡萄园优秀药剂应具有以下特点：安全性、实效性、时段性。

（1）**安全性**。安全性包括 3 方面内容：一是对葡萄安全，也就是对葡萄没有植物毒性，即不能产生药害；二是对人畜安全，即对高等动物的毒性低；三是对环境和后续产品安全，即残留量低且残留物对人畜及环境没有实质性影响。具体来讲，主要有以下内容。①对作物的安全性。有些药剂施用后易产生药害，如某些企业的代森锰锌、百菌清，在一些葡萄品种或生长时期存在药害问题。产生药害的药剂不是葡萄园优秀药剂。②对人及其他高等动物的安全性。有些药剂虽然对防治对象有不错的防治效果，并且对葡萄没有药害，但对高等动物有很大的副作用或对其产品产生影响，这些药剂也不是葡萄园优秀药剂，比如咪鲜胺。③对环境的安全性。还有一些药剂，虽然药效很理想，但应用后的残留会造成一系列问题，如农药残留超标造成的食品安全问题、葡萄中的农药残留超标影响葡萄酒发酵和葡萄酒质量。易造成残留的药剂不是葡萄园优秀药剂。因此，葡萄园优秀药剂必须具有优异的安全性。

（2）**实效性**。即能够解决葡萄园中存在的病虫害问题，也就是对症施药。

（3）**时段性**。葡萄的不同发育阶段会发生不同病虫害，葡萄园优秀药剂必须保证在某一阶段有独特的作用。

66. 如何识别葡萄的真菌病害？

葡萄真菌病害的识别方法主要有病原鉴定和症状识别两种。生产实践中主要通过为害症状来对病害做出初步诊断，再指导田间用药，这对于果农的葡萄生产更具有实际意义。

真菌病害的最大特点是在患病部位长出各种颜色的霉状物和子实体。典型症状是在发病的中后期，患病组织通常表现出异常状态，常见的有变色、病斑、腐烂和萎蔫，同时病菌的菌丝体和子实体在葡萄受害部位形成一些肉眼可见的典型特征。

（1）**絮状物和霉层**。在患病部位长出的绒毛状物，不同病害其颜色、疏密程度和长短大多都有些差异。常见的有霜霉病、灰霉病、褐斑病、穗轴褐枯病、枝枯病和白纹羽病。例如，葡萄叶片受霜霉病为害后，叶片受害部位的背面会出现一层白色的霉层。

(2) 粉状物。葡萄受害组织的表面产生一层粉末状物,因病害不同,其颜色有明显差异,常见的有白粉病、锈病和煤污病等。例如,葡萄叶片受白粉病为害后,叶片的正面会形成一层粉状物。

(3) 小颗粒和黏稠物。葡萄患病部位会产生肉眼可见的小粒点,不同病害其分布的疏密程度、大小和颜色不尽一致。常见的有白腐病、炭疽病、房枯病、蔓枯病、黑腐病、斑枯病、灰霉病和枝枯病。例如,果实受炭疽病为害后,发病后期受害部位的表面会形成黑色、轮纹状排列的小颗粒,即病菌的分生孢子盘。

67. 葡萄霜霉病为害表现什么症状?如何防治?

(1) 为害症状。霜霉病可以侵染葡萄的任何绿色部分或组织,但主要为害叶片,也为害花序、花蕾、果实、新梢等(彩图16、彩图17)。霜霉病最容易识别的特征是在叶片背面、果实病斑、花序或果梗上产生白色的霜状霉层。霜霉病为害叶片初期有细小、淡黄色、水渍状的斑点,而后在叶正面出现黄色或褐色、不规则、边缘不明显的病斑,背面形成霜霉状物。

(2) 防治技术要点。葡萄园要建立完善的排涝体系,须搞好田园卫生(清园、处理落叶和病残组织),注意田间管理(设置合理叶幕,通风透光性良好;夏季控制副梢量等以降低空气湿度)等。在这些管理措施的基础上,农药的使用是(有叶片结露或叶片沾染雨水的葡萄种植区)成功控制霜霉病不可缺少的措施,并且需特别注意以下几点。

①在雨季要进行规范防治,即10天左右使用1次杀菌剂,一般以内吸性杀菌剂为主。

②根据地域和气候的情况,确定化学防治的最佳时期。冬季雨雪比较多的地区,发芽后至开花前,是重点防治时期之一;冬季干旱、春季雨水多,要注意花前、花后的防治;一般情况,应注意雨季、立秋前后的防治。

③霜霉病发病初期,一般先形成发病中心,要对发病中心重点防治。

④喷洒药剂时要做到喷洒均匀、周到,尤其是在使用没有内吸传导作用的药剂时,更要注意。喷药的重点部位是叶片的背面,但同时要注意开花前后喷洒花序和果穗。

⑤在北方葡萄产区,立秋前后是霜霉病的发生期,应使用1~2次内吸性杀菌剂。注意内吸性杀菌剂与保护性杀菌剂混合或交替使用。

⑥田间霜霉病普遍发生或霜霉病侵染花序或果穗时,应采取紧急处理措施。一般采取3次措施:第一次,保护性杀菌剂+内吸性杀菌剂;第二次,

3～4天后单独使用内吸性杀菌剂；第三次，间隔3～4天后使用保护性杀菌剂＋内吸性杀菌剂，之后进入正常管理。

常用的防治葡萄霜霉病的药剂有两种。

一是保护性杀菌剂。①铜制剂：如波尔多液1∶（0.5～200）倍液，及商品波尔多液制剂，氢氧化铜。②代森锰锌：80％可湿性粉剂800倍液，420克/升悬浮剂600倍液，75％水分散粒剂800倍液等。③其他代森类杀菌剂：如丙森锌。④福美双：80％多菌灵·福美双可湿性粉剂640～800倍液。⑤其他：25％吡唑醚菌酯水分散粒剂1 000～1 500倍液；68.75％噁唑菌酮·代森锰锌水分散粒剂800～1 000倍液等。

二是内吸性杀菌剂。防控霜霉病的内吸性杀菌剂比较多，比较常见的如80％三乙膦酸铝（疫霜灵）可湿性粉剂500～800倍液、80％霜脲氰水分散粒剂8 000～10 000倍液、50％烯酰吗啉水分散粒剂（金科克）30～50克/亩等。霜霉病的内吸性药剂应注意交替使用。三乙膦酸铝能上下传导，是防治葡萄霜霉病的有效药剂，但在有些地区病害抗药性较重，建议与其他药剂交替施用，在产生抗性的地区节制施用或限制施用。其他（包括混合制剂）杀菌剂还有10％氰霜唑悬浮剂2 000～2 500倍液等。

68. 葡萄炭疽病为害表现什么症状？如何防治？

（1）为害症状。炭疽病主要为害果实，也侵染穗轴及当年的新枝蔓、叶柄、卷须等绿色组织。在幼果期，得病果粒表现为有黑褐色、蝇粪状病斑，但基本看不到发展，等到成熟期（或果实呼吸加强时）发病。成熟期的果实得病后，初期有褐色、圆形斑点，而后逐渐变大并开始凹陷，在病斑表面逐渐生长出轮纹状排列的小黑点（分生孢子盘），天气潮湿时，小黑点变为小红点（肉红色），这是炭疽病的典型症状（彩图18）。严重时，病斑扩展到半个或整个果面，果粒软腐，或脱落或逐渐干缩形成僵果。炭疽病可以在穗轴或果梗上形成褐色、长圆形的凹陷病斑，影响果穗生长，发病严重时造成干枯，病斑以下的果粒失水干枯或脱落。穗轴、当年的新枝蔓、叶柄、卷须得病，一般不表现症状，在第二年有雨水时产生分生孢子盘，并释放分生孢子成为最主要的侵染源。

（2）防治技术要点。

①在埋土防寒后、出土上架前，要搞好田间卫生，把修剪下来的枝条、叶片、病果粒、病果梗和穗轴收集到一起，清理出田间，集中处理（如发酵堆肥、高温处理等）。春季萌芽前喷3～5波美度石硫合剂于枝干及植株周围，进一步清除越冬菌源。

②发芽后到花序分离，应根据雨水情况使用药剂。如果雨水多，应使用2～3次药剂，可以选择用80％波尔多液可湿性粉剂300～400倍液等药剂。喷药重点部位是结果母枝，其次是新梢、叶柄、卷须。

③套袋栽培中花后和套袋前，一般配合使用保护性杀菌剂和内吸性杀菌剂，使用2～3次，其中一次是保护性杀菌剂和内吸性杀菌剂混合使用。可以使用的保护性杀菌剂包括代森锰锌及代森类杀菌剂（如80％可湿性粉剂800倍液）、福美类杀菌剂（如80％多菌灵·福美双可湿性粉剂640～800倍液）及其他（如80％波尔多液可湿性粉剂等）；内吸性杀菌剂主要是甾醇抑制剂，如40％氟硅唑乳油8 000倍液。

果实套袋时一般使用内吸性杀菌剂；中国农业科学院植物保护研究所葡萄病虫害研究中心证实嘧菌酯与抑霉唑混合使用（25％嘧菌酯悬浮剂1 500倍液＋22％抑霉唑水乳剂1 500倍液）处理果穗，能很好防控套袋果实炭疽病发生（减少套袋果实套袋前侵染率）。

④葡萄转色期和成熟期使用保护性杀菌剂，包括80％代森锰锌可湿性粉剂800倍液，80％波尔多液可湿性粉剂600倍液，25％嘧菌酯悬浮剂1 500倍液，波尔多液［1：（0.5～200）］等，可有效防控葡萄炭疽病。

69. 葡萄灰霉病为害表现什么症状？如何防治？

（1）为害症状。葡萄灰霉病主要为害花序、幼果和成熟的果实，也可为害新梢、叶片、穗轴和果梗等。幼芽和新梢受害部位呈褐色病斑，导致干枯；在晚春和花期，叶片上被侵染后会形成大的病斑；花期前后为害，侵染花序，造成腐烂或干枯，而后脱落；侵染果梗和穗轴，开始形成小型的褐色病斑，之后病斑颜色逐渐加重变为黑色，在夏末这些病斑发展成围绕果梗或穗轴一圈的病斑，导致果穗萎蔫，或产生霉层导致整个果穗腐烂；进入成熟期，灰霉病病菌可以通过表皮和伤口直接侵入果实，或产生霉层导致整个果穗的腐烂。（彩图19）

（2）防治技术要点。

①清园，减少病原菌。结合冬剪，尽量清除病枝病穗，清扫地面的枯枝败叶，集中销毁；生长期对初发病的叶片、花序应及早发现，摘除并带到园外。

②选用抗病品种。葡萄品种间抗性不同，可以利用品种抗性及合理的栽培措施减少灰霉病发生。

③抓住关键时期防治。开花前，使用1～2次农药，主要是开花前1～3天，防控花前和花期的灰霉病；落花后1～3天，是阻止病菌侵入子房，包括对幼果、穗轴保护的关键时期；封穗期之前，使用药剂对穗轴和幼果提供保护

及降低穗轴上病原菌的数量；转色期及成熟期的前期，使用1～2次药剂，保护果实，尤其是在成熟期雨水多、湿度大的年份。

（3）常用的防治葡萄灰霉病的药剂有如下两种。

一是保护性杀菌剂：①50％腐霉利可湿性粉剂1 000～2 000倍液；②50％异菌脲可湿性粉剂750～1 000倍液。

二是内吸性杀菌剂：①40％嘧霉胺悬浮剂1 000～1 500倍液；②10％多抗霉素可湿性粉剂600倍液；③50％啶酰菌胺水分散粒剂1 500倍液。

（4） 鲜食葡萄贮藏期间防治葡萄灰霉病，主要依靠低温（接近−1～0℃）和二氧化硫气体熏蒸（气体熏蒸或固体保鲜片缓释）或二者结合来进行。

70. 葡萄白腐病为害表现什么症状？如何防治？

（1）为害症状。 葡萄白腐病主要为害果穗，也可侵染枝蔓和叶片（彩图20）。果穗发病，起初在穗轴、小穗轴和果梗上产生淡褐色、水渍状、不规则斑点，扩大后终致组织腐败坏死，潮湿时果穗腐烂脱落，干燥情况下，果穗干枯萎缩挂在树上。果粒发病多从基部开始，初呈浅褐色斑，迅速扩展至整个果粒，使果粒呈灰白色、软化、腐烂、易脱落，病粒遇干燥天气时失水干缩成有棱角的褐色僵果，悬挂在穗上。

（2）防治技术要点。

①减少病原菌基数。具体做法就是把病穗、病粒、病枝蔓、病叶带出果园，统一处理，不能让它们遗留在田间。还可以对土壤用药，因为病菌的来源是土壤，处理土壤可以减少白腐病的发生。如使用50％福美双1份配20～50份细土，搅拌均匀后，均匀撒在葡萄园地表，重点在葡萄植株周围使用。

②阻止病原菌的传播。首先，不让白腐病菌的分生孢子传播到葡萄树上，尤其是果穗上，包括：出土上架后或发芽前，使用药剂杀灭枝蔓上的病菌；采用高架栽培（如棚架），以阻止尘土飞溅、飞扬等传播病菌。

③关键时期药剂防治。在容易产生伤口的时期，且有病菌孢子存在的情况下，尤其是冰雹后，必须使用杀菌剂。可以使用嘧菌酯·福美双、代森锰锌、克菌丹、福美双等保护性杀菌剂，或苯醚甲环唑、烯唑醇、抑霉唑等内吸性杀菌剂。一般冰雹后12～18小时使用农药。据有关资料报道，冰雹后12～18小时使用克菌丹，防治效果可达75％以上；如果冰雹后21小时再使用药剂，防治效果为50％；超过24小时，基本没有防治效果（30％以下）。因此，冰雹过后必须及时使用药剂。

④重点保护果穗。具体就是花前花后规范使用杀菌剂。尤其是花后，在套袋葡萄谢花后至套袋前（不套袋葡萄在谢花后至封穗前），是防治白腐病危害

果穗的最重要时期。

（3）防治葡萄白腐病常用的药剂有以下几种。①硫制剂：石硫合剂、硫黄水分散粒剂等。②代森锰锌及代森锰锌类：80％代森锰锌可湿性粉剂800倍液。③50％福美双粉剂或可湿性粉剂500～1 000倍液。④40％氟硅唑乳油8 000～10 000倍液（不能低于8 000倍液）。⑤80％戊唑醇可湿性粉剂6 000～8 000倍液。⑥其他：78％代森锰锌·波尔多液可湿性粉剂500～600倍液。

71. 葡萄白粉病为害表现什么症状？如何防治？

（1）为害症状。白粉病可以侵染叶片、果实、枝蔓、穗轴、花序等所有幼嫩器官或组织。叶受害后，先在叶片正面产生灰白色、没有明显边缘的"油性"病斑，上面覆盖有灰白色的粉状物（彩图21）。花序发病，花序梗受害部位颜色开始变黄，而后花序梗发脆，容易折断。穗轴、果梗和枝条发病，会出现不规则的褐色或黑褐色斑，羽纹状向外延伸，表面覆盖白色粉状物，穗轴、果梗变脆，枝条不能老熟。果实发病时，表面产生灰白色粉状霉层，用手擦去白色粉状物，能看到在果实的皮层上有褐色或紫褐色的网状花纹。小幼果受害，果实不易生长，果粒小，易枯萎脱落；大幼果得病，容易变硬、畸形，易纵向开裂；转色期的果粒得病，糖分积累困难，味酸，容易开裂。

（2）防治技术要点。

①减少越冬病原菌的数量。是防治白粉病、控制白粉病危害的基础，包括三方面的措施：一是保持田间卫生，也就是病组织（枝条、叶、果穗、卷须）的清理；二是发芽前、发芽后的防治措施；三是结合田间操作，去除病芽、病梢等。

②开花前后，结合其他病虫害的防治，使用药剂，控制白粉病流行的病菌数量。在有利于白粉病发生的地区（或设施栽培葡萄园），开花前后是控制白粉病流行的关键时期，应使用药剂控制白粉病病原菌的数量。

③果实生长的中后期，对田间白粉病的发生情况进行监测。当白粉病发生比较普遍，或可能对生产造成影响时，使用药剂，控制危害。

④果实采收后的防治。采收后，如果果园出现比较普遍的白粉病，要采取措施，这样会大大有利于翌年的防治。

（3）常用的防治葡萄白粉病的药剂有如下几种。

①硫制剂：石硫合剂（葡萄萌芽前使用3～5波美度，葡萄生长期在低于30℃时使用0.3～0.5波美度）；2％农抗120水剂200倍液、25％嘧菌酯悬浮剂1 500倍液、12.5％烯唑醇乳油3 000倍液、80％戊唑醇乳油8 000～9 000

倍液。

②甲氧基丙烯酸酯类杀菌剂：25％嘧菌酯悬浮剂、50％醚菌酯水分散粒剂及唑胺菌酯。

③其他有效药剂还有：80％硫黄水分散粒剂500～750倍液、40％氟硅唑乳油8 000倍液；2％大黄素甲醚水分散粒剂1 000～1 500倍液、25％乙嘧酚磺酸酯微乳剂500～700倍液。

72. 葡萄黑痘病为害表现什么症状？如何防治？

（1）为害症状。 黑痘病为害葡萄的幼嫩绿色组织，包括叶片、果粒、穗轴、果梗、叶柄、新梢和卷须。果粒受害，会有褐色圆斑，以后中部变成灰白色，稍凹陷。病斑外部（边缘）颜色比较深，呈褐色或红褐色或暗褐色或紫色，似鸟眼状，因此有时被称为"鸟眼病"。

（2）防治技术要点与药剂防治方法。 任何降低湿度和水分、减少病原菌的措施，都能减轻或降低黑痘病的发生或发生概率，包括设置完善排涝体系，采取清园措施和保持田间卫生（处理落叶和病残组织），进行田间管理（设置合理叶幕、保持通风透光性良好、夏季控制副梢量等）等具体措施。

①新引进苗木和新种植区域的苗木消毒。常用的苗木消毒剂有：10％～15％的硫酸铵溶液；3％～5％的硫酸铜溶液；硫酸亚铁硫酸液（10％的硫酸亚铁＋1％的粗硫酸）；3～5波美度石硫合剂等。方法是将苗木或插条在上述任意一种药液中浸泡3～5分钟取出，即可定植或育苗。

②田间卫生。把修剪下来的枝条、叶片、病果粒、病果梗和穗轴收集到一起，清理出田间，集中处理（如发酵堆肥、高温处理等）。

③及早防治。对于黑痘病发生区或果园，药剂的施用体现一个"早"字，发芽前和发芽后，必须采取措施。根据所在地区的气候条件或栽培方式（是否为设施栽培），确定采取的具体措施。一般施用保护性药剂，如80％波尔多液可湿性粉剂300～400倍液、现配波尔多液等。

④把握关键时期。开花前、落花后是药剂防治黑痘病的最关键时期。可以根据上一年黑痘病发生的情况、本地区（或地块）气候特点，结合其他病害的防治，采取合适的措施。一般施用内吸性药剂，如40％氟硅唑乳油8 000倍液。

⑤雨季的规范防治措施。雨季的新梢、新叶比较多，容易造成黑痘病的流行，应根据品种和果园的具体情况采取措施。一般以保护剂（如80％波尔多液可湿性粉剂300～400倍液、现配波尔多液等）为主，结合内吸性药剂（40％氟硅唑乳油8 000倍液等）施用防治。

73. 葡萄酸腐病为害表现什么症状？如何防治？

（1）**为害症状**。葡萄酸腐病是由果蝇、酵母菌、醋酸菌等联合作用，在有伤口或果穗紧等情况下，造成果实腐烂的病害（彩图22）。果实腐烂会降低葡萄产量，还会造成汁液流失，造成无病果粒的含糖量降低；鲜食葡萄受害到一定程度，即使是无病果粒，也不能食用；酿酒葡萄受酸腐病危害后，汁液外流会造成霉菌滋生，干物质含量增高（受害果粒腐烂后，只留下果皮和种子并干枯），使葡萄失去酿酒价值。

（2）**防治技术要点与药剂防治方法**。

①栽培措施。尽量避免在同一果园种植不同成熟期的品种；增加果园的通透性（合理密植、合理设置叶幕系数等）；合理使用或不使用激素类药物，避免果皮伤害和裂果；避免果穗过紧，造成果粒挤压破裂；合理使用肥料，尤其避免过量使用氮肥；合理进行水分管理，避免水分的供应不平衡造成裂果等。

②减少伤口。早期防治白粉病等其他病害时应减少病害裂果造成的伤口；幼果期使用安全性好的农药，避免果皮过紧或形成果皮伤害；防控果实上的鸟害。

③药剂防治。在转色期，使用杀菌剂（80%波尔多液可湿性粉剂300～400倍液）＋杀虫剂（菊酯类，防治醋蝇）防治。

④诱杀＋防治。使用特殊诱集装置添加果蝇诱捕剂进行醋蝇诱捕，并在此基础上在葡萄转色期使用药剂，基本上可以免除酸腐病的危害。

74. 葡萄穗轴褐枯病为害表现什么症状？如何防治？

（1）**为害症状**。葡萄穗轴褐枯病主要为害葡萄幼嫩的花序轴或花序梗，也为害幼小果粒。花序轴或花序梗发病初期，先在花序的分枝穗轴上产生褐色水渍状斑点，淡褐色水渍状病斑，扩展后渐渐变为深褐色、稍凹陷的病斑，湿度大时病斑上可见褐色霉层，即病菌分生孢子梗和分生孢子；扩展后致花序轴变褐坏死，后期干枯，其上面的花蕾或花也将萎缩、干枯、脱落，干枯的花序轴易在分枝处被风折断脱落；发生严重时，花蕾或花几乎全部落光。谢花后的小幼果受害，形成黑褐色、圆形斑点，直径约0.2毫米，仅为害果皮，随果实增大，病斑结痂脱落，对生长影响不大。

（2）**防治技术要点与药剂防治方法**。

①清园。结合修剪，搞好清园工作，清除越冬菌源。

②种植抗病品种。在危害严重地区，选择种植抗病葡萄品种。

③加强栽培管理。控制氮肥用量，增施磷钾肥，同时保证果园通风透光、排涝降湿，也有降低发病的作用。

④药剂防治。从花序分离至开花前是最重要的药剂防治时间。对于花期前后雨水多的地区和年份，结合花后其他病害的防治，选择能够兼治穗轴褐枯病的药剂。常用的药剂有：3～5波美度石硫合剂、50％异菌脲悬浮剂750～1 000倍液、80％戊唑醇水分散粒剂8 000～9 000倍液。

75. 葡萄溃疡病为害表现什么症状？如何防治？

（1）为害症状。葡萄溃疡病主要为害枝蔓，引起树势减弱甚至整树死亡，也可为害果实和叶片。为害果实，造成果实腐烂及果粒脱落；为害穗轴，穗轴上出现黑褐色病斑，造成果梗干枯及果实腐烂或脱落，或由于果梗干枯造成果实不脱落但逐渐干缩；枝蔓上发病，当年生枝条出现灰白色梭形病斑，病斑上着生黑色小点，或在枝蔓上出现红褐色病斑。

（2）防治技术要点与药剂防治方法。

①减少病原菌的数量。座腔菌是弱寄生性病原菌，并且能在植物的死组织上存活和繁殖，因此清除田间修剪下来的枝蔓和病组织，并对这些残体进行处理，是非常重要的防控措施。

②田间管理。该病是弱寄生性病害，设置合理负载量、保持健康中庸的树势非常重要。加强栽培管理、控制产量、合理供应肥水等，可以有效预防溃疡病的发生。

③避雨栽培。该病主要通过雨水传播，葡萄避雨栽培、减少雨水飞溅，能有效预防该病发生。

④伤口处理和涂抹。冬季修剪时，在修剪口涂药或修剪结束时整园喷洒药剂；在果穗大量出现伤口时，对果穗进行处理等，都是有效防治措施。

⑤使用的农药种类。对于修剪时期气候比较干燥的地区，修剪后喷洒5波美度的石硫合剂；对于修剪时期气候比较湿润的地区，修剪后使用50％福美双500～1 000倍液；对于为害重的葡萄品种和产区，在果穗整形后或转色期之后，可以使用40％氟硅唑乳油8 000倍液处理果穗。

76. 葡萄根癌病为害表现什么症状？如何防治？

（1）为害症状。葡萄根癌病是由土壤根癌杆菌引起的一种世界性病害。葡萄被根癌病菌侵染后，在植株的根部（有时在茎部，故也称冠瘿病）形成大小不一的肿瘤，初期幼嫩，后期木质化，严重时整个主根变成一个大瘤子。病树树势弱，生长迟缓，产量减少，寿命缩短。重茬苗圃发病率在20％～100％，有时甚至造成毁园。葡萄根癌菌是系统侵染，不但在靠近土壤的根部、靠近地面的葡萄枝蔓出现症状，还能在枝蔓和主根的任何位置发现病症，但主要发生在主蔓上。

（2）防治技术要点与药剂防治方法。 根据根癌病的侵染特点和致病机制，当发现根癌症状时，就证明 T-DNA 已经转移到植物的染色体上，这时使用杀细菌剂杀灭病原细菌已无法抑制植物细胞的异常增殖，也无法使肿瘤症状消失。因此根癌病的防治策略必须要以预防为主。

具体防治方法如下。

①土壤消毒。土壤消毒是非常有效的方法，但成本比较高。可以使用氯化苦熏蒸剂或水蒸气热力消毒等措施进行土壤消毒。

②加强苗木检疫和种条、种苗的消毒。对于没有根癌病的地区和田块，苗木引进要经过严格检验检疫。苗木经消毒处理后再栽种。

③减少伤口和保护伤口。根癌菌以伤口作为唯一的侵染途径，而且以同样的致病机理使植物发病，因此，减少伤口和保护伤口是最好的防治方法。

④药剂防治。葡萄根癌病发生较轻的时候可以通过刮除病瘤，用 3～5 波美度石硫合剂或 80％抗菌剂 402 乳油涂抹伤口，以此来缓解病害，并结合适当的药剂灌根技术进行深层次防治，具体灌根药剂可以选用 1％硫酸铜溶液。但发生严重的果园应直接挖除病株，然后对果园土壤进行深翻改土或客土，再用 3％次氯酸钠或 1％硫酸铜溶液对园区土壤进行消毒处理。

77. 葡萄根结线虫为害表现什么症状？如何防治？

（1）为害症状。 根结线虫侵染葡萄根系后，地上部的叶片不表现特殊症状，整体表现是葡萄植株生长势衰弱，植株矮小、黄化、萎蔫、果实小等，尤其在沙地土壤中，根结线虫的为害症状十分明显。根结线虫为害葡萄植株后，引起初生根和次生根膨大和形成根结；单条线虫可以引起很小的瘤，多条线虫的侵染可以使根结变大；严重侵染可使所有吸收根死亡，影响葡萄根系的吸收功能。根结线虫在土壤中呈斑块型分布，导致葡萄植株的生长势在田间也表现斑块状分布。

（2）防治技术要点与药剂防治方法。 葡萄根结线虫病很难根除，因此必须建立以预防为主的防治概念。

①在新建葡萄园时，要仔细调查所建园地块里的线虫种类、分布以及群体密度。如果地块已被根结线虫侵染，且时间很长，那么应避免种植葡萄，除非种植抗性品种或种植前用熏蒸剂（棉隆、硫酰氟等）彻底处理土壤。

②在无线虫区域栽植葡萄，一定要严格检验引进的葡萄苗和插条是否带有根结线虫病，选用健康、生长旺盛的高产抗病苗木也是防治葡萄根结线虫病的长远策略；必要时在贫瘠的沙地建园，使用抗根结线虫的砧木进行嫁接栽培，也是预防根结线虫病的有效措施。

78. 葡萄根瘤蚜为害表现什么症状？如何防治？

（1）**为害症状**。葡萄根瘤蚜主要为害根部，也可为害叶片。须根被害后肿胀，形成菱角形或鸟头状根瘤，虫子多在凹陷的一侧（不在根瘤内部而在外部）；侧根和大根被害后形成关节形的肿瘤，虫子多在肿瘤缝隙处。由于根部养分被刺吸和受害，根系吸收、输送水分和养分功能削弱，并且刺吸后的伤口造成根系微生物的繁衍和侵入，导致被害根系腐烂、死亡，从而严重破坏根系对水分和养分的吸收、运输，造成树势衰弱，影响树体发芽、花芽形成、开花结果，严重时可造成植株死亡。叶片被害后，在叶背面形成虫瘿（开口在叶片正面），阻碍叶片正常生长和光合作用的进行。

（2）**防治技术要点与药剂防治方法**。

①严格检疫措施。包括苗木产地检疫和苗木、种条检疫。建议经过检疫的苗木和种条，要消毒后调运，尤其是在国内各地区之间的调运过程，要防止此虫的传播。

②苗木消毒。苗木调运前和栽种前，进行消毒处理（两次消毒制度）。常用的消毒方法有氯化苦熏蒸，即在 20～30℃条件下，每立方米的种苗或种条使用 30 克左右药剂，熏蒸 3～5 小时，有条件时使用电扇或其他通风设备，增加熏蒸时气体流动。温度低时可相应提高使用剂量，反之降低使用剂量。

③利用抗根瘤蚜砧木栽培。疫区以栽种抗根瘤蚜砧木嫁接苗为宜，这也是最有效的途径之一，再结合药剂防治等综合措施效果较好。

④建立无虫苗圃。沙土地对葡萄根瘤蚜生长不利，在疫区用沙土地育苗是防治方法之一。

79. 叶蝉为害表现什么症状？如何防治？

（1）**为害症状**。叶蝉每年发生 3～4 代，以成虫在葡萄园的落叶、杂草下及附近的树皮缝、石缝、土缝等隐蔽处越冬。在华北地区，翌年成虫于 3 月中旬—4 月上旬开始活动，先在园边发芽早的植物上为害，待葡萄展叶后即开始为害葡萄叶片（彩图 23）。以成虫、若虫群集于叶片背面刺吸汁液为害。一般喜在郁闭处活动取食，故为害时先从枝蔓中下部老叶和内膛开始，逐渐向上部和外围蔓延。叶片受害后，正面呈现密集的白色失绿斑点，严重时叶片苍白、枯焦，严重影响叶片光合作用的进行、枝条的生长和花芽分化，造成葡萄早期落叶，树势衰退；排出的虫粪污染叶片和果实，形成黑褐色粪斑，影响叶片光合作用的进行和果实的质量。

（2）**防治技术要点与药剂防治方法**。

①农业防治。避免果园郁闭、合理修剪、清洁田园、生长季及时清除杂

草、树种合理布局等，都对防治叶蝉有效。

②色板防治。叶蝉对黄色有趋性，可设置黄板诱杀。

③化学防治。防治葡萄叶蝉全年要抓住两个关键时期：一是发芽后，是越冬代成虫防治关键期；二是开花前后，是第一代若虫防治关键期。另外，幼果期根据虫口密度使用药剂，落叶前一个半月左右注意防控越冬成虫。可选用25％噻虫嗪水分散粒剂 4 000～5 000 倍液喷雾，要注意喷雾均匀、周到、全面，做到防不漏墩，墩不漏叶；同时注意喷防葡萄园周围的林带、杂草。

80. 绿盲蝽为害表现什么症状？如何防治？

（1）为害症状。绿盲蝽主要在早春以若虫和成虫刺吸为害葡萄未展开的芽或刚刚展开的幼叶和新梢等（彩图 24，彩图 25）。幼叶受害后，最初形成针头大小的红褐色斑点，之后随叶片的生长，以小点为中心形成不规则的孔洞，大小不等，严重时叶片上聚集许多刺伤孔，致使叶片皱缩、畸形甚至呈撕裂状，生长受阻，光合作用受到极大影响，自身养分制造受到限制，不能供给植株生长足够的养分，植株生长和花芽分化均受到不同程度影响。

（2）防治技术要点与药剂防治方法。

①物理防治。葡萄埋土防寒前清理果园内外的杂草、枯枝，深埋或集中烧毁，消灭在杂草和枯枝上越冬的虫卵；葡萄出土上架至萌芽前，刮除枝干老翘皮，并集中烧毁，消灭在枝干皮缝中越冬的害虫。葡萄生长季可以在果园悬挂黄板或杀虫灯诱杀绿盲蝽。

②化学防治。重点做好早期和关键时期的防治工作，这样可以达到事半功倍的效果。在出土后至开花前要早防，发芽前喷 3～5 波美度石硫合剂，包括地面杂草都要喷到，消灭越冬虫卵和成虫；关键时期的化学防治是消灭绿盲蝽的一个有效方法，选择在绿盲蝽的卵期至若虫期用药，防治效果显著。常用药剂有 1％苦皮藤素水乳剂 30～40 毫升/亩、22％氟啶虫胺腈悬浮剂 1 000～1 500倍液等。

③生物防治。绿盲蝽的自然天敌种类多，主要有卵寄生蜂、花蝽、草蛉、姬猎蝽、蜘蛛等。在进行化学防治时，要以保护天敌为前提，尽量选择用对天敌毒性小的杀虫剂。

81. 透翅蛾为害表现什么症状？如何防治？

（1）为害症状。葡萄透翅蛾属鳞翅目，透翅蛾科，主要为害葡萄。幼虫为害葡萄嫩枝及一、二年生枝蔓，初龄幼虫蛀入嫩梢，蛀食髓部，使嫩梢枯死（彩图 26）。幼虫长大后，转到较为粗大的枝蔓中为害，被害部肿大呈瘤状，蛀孔外有褐色粒状虫粪，枝蔓易折断，其上部叶变黄枯萎，果穗枯萎，果实脱落。虫害轻者树势衰弱，果实产量和品质下降；重者致使大部枝蔓干枯，甚至全株死亡。

（2）防治技术要点与药剂防治方法。

①农业防治。一是冬、春季剪除虫枝。修剪时结合冬季修剪，认真剪除虫枝并烧毁。春季萌芽期再细心检查，凡枝蔓不萌芽或萌芽后萎缩的，虫枝应及时剪除，以消灭越冬幼虫，降低虫源。二是在生长季节，幼虫孵化蛀入期间，发现节间紫红色的先端嫩梢枯死，或叶片凋萎，或先端叶边缘干枯的枝蔓，以上均为被害部位，应及时剪除。7—8月以后，发现有虫粪的较大蛀孔，可用铁丝从蛀孔刺死或钩杀幼虫。

②化学防治。一是药液注射。用注射针筒向幼虫排粪孔内注入80％敌敌畏乳油1 000～1 500倍、2.5％溴氰菊酯（敌杀死）乳油200倍液，用泥封孔；用浸有80％敌敌畏乳油100～200倍液的棉球塞入虫孔。二是于卵孵化高峰期喷施化学药剂。药剂种类有：三唑磷、辛硫磷、溴氰菊酯、氰戊菊酯、高效氯氰菊酯等，一年只需施药一次就能消除葡萄透翅蛾。

82. 葡萄毛毡病为害表现什么症状？如何防治？

（1）为害症状。毛毡病是由一种叫作葡萄瘿螨的红蜘蛛类害虫为害造成的。葡萄瘿螨主要为害葡萄叶片，发生严重时，也为害嫩梢、幼果、卷须、花梗等。叶片以小叶和新展叶片受害重。最初叶背出现许多不规则的白色病斑，逐渐扩大，叶表隆起呈泡状，叶背凹陷处密生一层很厚的白色绒毛，似毛毡，故称毛毡病。绒毛初为白色，后渐变为茶褐色，病斑边缘常被较大的叶脉限制而呈不规则形。受害严重时，病叶皱缩、变硬、凹凸不平，甚至干枯破裂，导致叶片早期脱落，严重影响葡萄的营养积累，使树体衰弱。花梗、嫩果、嫩茎、卷须受害后其上面也产生绒毛，枝蔓受害，常肿胀呈瘤状，表皮龟裂。

（2）防治技术要点与药剂防治方法。

①苗木处理。是防止害虫随苗木传播的措施。从有瘿螨地区引入苗木，在定植前，必须用温汤消毒，即把插条或苗木先放入30～40℃温水中浸5～7分钟，再移入50～54℃热水中浸5～7分钟，可杀死潜伏的瘿螨。

②清洁葡萄园。在葡萄生长季节，若发现有被害叶时，应立即摘掉烧毁或深埋，以免继续蔓延。冬季将修剪下的枝条、落叶、翘皮等收集带出园外并加以处理。

③化学防治。早春葡萄叶膨大吐绒时，喷3～5度石硫合剂（加0.3％洗衣粉），这时处于防治关键期，喷药一定要细致均匀。若历年发生严重，在葡萄发芽后喷0.3～0.5波美度石硫合剂。还可以使用杀螨剂进行防治。目前正

式登记防治瘿螨的药剂有：99％矿物油乳油、40％炔螨特水乳剂。田间应用防治效果比较好的种类有：10％浏阳霉素乳油1 000～1 500倍液、24％螺螨酯悬浮剂2 000倍液、20％哒螨灵可湿性粉剂1 500倍液、1.8％阿维菌素乳油3 000倍液等。在使用时，首选使用生物源杀虫剂和无机杀虫剂，最大限度地减轻对害虫天敌的杀伤，以充分发挥天敌昆虫的自然控制作用。该螨主要在葡萄叶背吸食汁液，并刺激叶片产生毛毡状物，因此，喷施各种药剂时必须周密均匀，要使植株的叶面、叶背都均匀附着药液，以保证防治效果。

83. 蓟马为害表现什么症状？如何防治？

（1）为害症状。 近年来，随着葡萄设施栽培的推广普及，蓟马为害越来越重，成为葡萄生产上的重要害虫。危害葡萄的蓟马有烟蓟马、茶黄硬蓟马、西花蓟马等，属于缨翅目，蓟马科。蓟马不仅能危害葡萄，还危害桃、梅、李等果树和大葱、烟草等作物。葡萄蓟马个体较小，是锉吸式口器，喜欢在葡萄幼嫩的部位吸取表皮细胞的汁液，叶片受害后会因叶绿素被破坏，出现褪绿的黄斑，后叶片变小，卷曲畸形，干枯，有时还出现穿孔；新梢受害后，生长受到抑制；葡萄幼果表面受害后，表皮干缩形成一个小黑斑（彩图27），随着幼果的增大，黑斑也随之增大形成木质化褐斑，影响葡萄的外观和品质，严重时可引起裂果，露出种子，降低产量和果实的商品价值。

（2）防治技术要点与药剂防治方法。

①农业防治。避免在保护地种植油桃、葱等替代寄主植物，铲除葡萄园内外的野生寄主，以免为蓟马越冬、越夏创造有利条件，同时入冬后及时清除落叶和杂草，减少越冬虫源。冬前修剪后应及时清园并冬灌，淹死土壤中越冬的若虫及蛹。烟蓟马暴发期可利用温室相对密封的环境，调节温室的温湿度消灭烟蓟马，对温室地表进行漫灌，然后密闭温室，保持温室温度在32～34℃，空气相对湿度在90％，并持续2～3天，可大量消灭烟蓟马。烟蓟马死亡后及时通风，以防葡萄病害发生。另外，加强肥水管理、增强树势、改善光照条件等措施也可起到对蓟马的抑制作用。

②生物防治。主要利用捕食性天敌小花蝽对蓟马的防控。东亚小花蝽喜捕食西花蓟马，且随着气温的升高，东亚小花蝽成虫对西花蓟马成虫的捕食量增加，而在26～34℃则有相反的趋势。目前，用来防治西花蓟马的虫生真菌有绿僵菌、白僵菌、蜡蚧轮枝菌、食虫菌等。

③物理防治。利用蓟马对颜色的趋性设置适当颜色粘虫板对其进行诱杀。已有研究表明西花蓟马对海蓝色的趋性最强，而茶黄硬蓟马对素馨黄趋性最强。

④化学防治。目前防治蓟马效果较好的药剂为：虫螨腈、高效氯氰菊酯、吡虫啉、噻虫嗪、三氟氯氰菊酯、阿维菌素、啶虫脒、多杀霉素和乙基多杀菌素。为延缓蓟马抗药性，在选择化学防治时应轮换使用药剂。早春尤其花前及时喷施 10%吡虫啉可湿性粉剂 2 000 倍液，或 1.8%阿维菌素乳油 3 000 倍液、10%联苯菊酯乳油 3 000 倍液、5%啶虫脒 4 000 倍液、21%噻虫嗪悬浮剂（狂刺）3 000 倍液等。

84. 葡萄康氏粉蚧为害表现什么症状？如何防治？

（1）为害症状。以雌成虫、若虫刺吸嫩芽、嫩叶、果实、枝干的汁液（彩图 28）。嫩枝受害后，被害处肿胀，严重时造成树皮纵裂而枯死。果实被害时，造成组织坏死，出现大小不等的褪色斑点、黑点、黑斑，为害处产生白色棉絮状蜡粉、分泌蜜露等污染果实、枝条，湿度大时，滋生霉菌，形成煤污病，有煤污病的果实彻底失去食用和利用价值。

（2）防治技术要点与药剂防治方法。由于康氏粉蚧世代复杂，不同果园的发生规律存在差别，因此，根据果园的实际情况，因地制宜，抓住关键时期及时防治。

①冬春农业防治。结合清园措施，刮除粗老翘皮，清理杂草、旧纸袋、病虫果、残叶，并及时烧毁，可有效压低害虫越冬基数。在土壤上冻前，浇一次冬灌水，对在土块中越冬的康氏粉蚧造成伤害，从而消灭一部分越冬卵和若虫。

②生物防治。康氏粉蚧的天敌种类较多，如草蛉、瓢虫等，注意保护和利用天敌。

③土壤处理防治。在卵孵化期，根际施药，包括颗粒剂、片剂或药液，进行土壤泼浇。一般选择 25%吡虫啉可湿性粉剂等内吸性药剂。

④化学防治。采果后至落叶前，使用石硫合剂或杀虫剂，全园仔细喷一遍药，消灭越冬场所的虫、卵。早春葡萄展叶前，刮完树皮后，全园细致喷一遍 5 波美度石硫合剂，可有效降低越冬害虫的基数。康氏粉蚧孵化盛期至转移前，初孵化若虫由于没有白色蜡质覆盖，对药物敏感，该时期是防治的最佳时期。而大龄若虫抗药能力强且有白色蜡质保护，防治起来较困难。初孵幼虫有聚集习性，5～7 天后逐渐扩散，扩散转移至果袋等更隐蔽处，因此，若虫孵化后 5 天内是防治的最佳时期。康氏粉蚧的卵外表皮很薄，质地柔软，如果没有絮状物保护，很容易被杀死。在防治时可适当加入农药助剂，帮助药剂突破包裹卵的絮状物，从而杀死虫卵，杀虫药剂可选噻虫嗪、吡虫啉等。

85. 葡萄日灼病为害表现什么症状？如何防治？

（1）为害症状。 葡萄日灼病是由阳光直接照射果实造成果面温度剧变，局部细胞失水而引起的一种生理病害。发病初期果实阳面由绿色变为黄绿色，局部变白，继而出现火烧状褐色椭圆形或不规则形状斑点，后期扩大形成褐色凹陷斑（彩图29）。病斑初期仅发生在果实表层，内部果肉不变色。不同品种发病情况有较大差异；同一品种，树势较弱、枝叶量较少的树发病重；着生在植株西南方向的果穗发病较重；负载量大的植株发病重；棚架栽培葡萄发病较轻，而篱架栽培葡萄发病较重。

（2）防治技术要点。 防止葡萄果实日灼病的最主要措施是合理布置架面、注意选留果穗，尽量避免果实直接遭受日光照射，尤其是在架面西南方位，更应注意果穗上方要有适当叶片；同时应注意在气温较高的时期，保证土壤供水；调整负载量，确保树势健壮。对于容易造成日灼的品种或植株生长部位，使用伞袋可以有效减少日灼病。日灼病虽属于生理性病害，没有传染性，但病果易感染杂菌并引发其他病害，因此对已发生日灼的果实，应及时疏除。

86. 葡萄气灼病为害表现什么症状？如何防治？

（1）为害症状。 气灼病是由于生理水分失调引发的生理病害，与特殊气候、栽培管理条件密切相关。气灼病发生的诱因是叶片水分蒸腾量超过根系水分吸收量，导致果实中水分被植株抽走。一般情况下，连续阴雨后，天气突然转晴伴随的高温、闷热天气，易导致气灼病发生。气灼病一般发生在幼果期。受害部位首先表现为失水、凹陷、有浅褐色小斑点，并迅速扩大为大面积病斑，整个过程基本上在 2 小时内完成。病斑面积一般占果粒面积的 5%～30%，严重时一个果实上会有 2～5 个病斑，从而导致整个果粒干枯。病斑开始为浅黄褐色，而后颜色略变深并逐渐形成干疤，容易被认为是日灼，但气灼病发生部位与阳光直射无关，在叶幕下的背阴部位，果穗的背阴部位及套袋果穗上均会发生。

（2）防治技术要点。 葡萄气灼病的防治，从根本上是保持水分的供应平衡。因此，防治气灼病要从保证根系吸收功能的正常发挥和水分的稳定供应入手。

①首先要培养健壮、发达的根系，可采用增施有机肥来提高土壤通透性、调整负载量、防治根系和地上部病虫害等措施，来保证根系呼吸和吸收功能正常，避免或减轻气灼病。

②保证水分的供应。尤其是在易发生气灼病的套袋前后，要保持充足的水分供应。水分供应一般注意两个问题。一是土壤不能缺水。缺水后要注意浇

水，滴灌是最好的浇水方法，如果大水漫灌，要注意灌溉时间，一般在下午 6 时或当天早晨浇水，避免中午浇水。二是保持水分。提高土壤有机质含量、覆盖草或秸秆等，都有利于土壤水分的保持，减轻或避免气灼病发生。

③协调地上部分和地下部分的平衡关系。如果根系弱，要减少地上部分的枝、叶、果的量，保持地上部分和地下部分协调一致，会减轻或避免气灼病的发生。

87. 葡萄水罐子病为害表现什么症状？如何防治？

（1）为害症状。葡萄水罐子病亦称转色病、水红粒，主要表现在果粒上。葡萄水罐子病的发生主要用树体营养不足、生理失调造成。在树势弱、摘心重、负载过量、肥料供应不足和有效叶面积小时容易发生；在地下水位高或葡萄成熟期遇雨，尤其是高温后遇雨，田间湿度大时，此病发生尤为严重。发病后，有色品种明显表现出着色不正常，色泽变淡；白色品种表现为果粒呈水泡状；病果果肉变软、糖度降低、味酸、果肉与果皮极易分离，成为一包酸水，用手轻捏，水滴成串溢出，故名"水罐子"。发病后果柄与果粒连接处易产生离层，果实极易脱落。

（2）防治技术要点。加强对树体的综合管理，保证树体营养充足、生理平衡、维持健壮的树势是防治该病的根本途径。可加强土、肥、水管理，结合追肥增施有机肥料，后期雨季注意葡萄园排水，适当进行花果管理，控制负载量，加强病虫害防治，保护叶片，提高树体光合效率。

88. 如何防止葡萄裂果？

（1）为害症状。葡萄果粒开裂是一种生理病害，多发生在果实生长后期。果实进入着色期后，果粒的果皮及果肉纵向或横向开裂，导致病菌滋生、果实霉烂，或招来蜂、蝇、金龟子等危害，使果实失去食用价值，造成巨大损失。裂果的原因：一是果粒留得太多，果粒互相挤压；二是开花坐果期蓟马和螨类的危害，在幼果上形成皱斑，后期开裂；三与品种选用及肥水管理不当有关。

（2）防治技术要点。

①疏果粒防止裂果。首先要疏除果穗上较大的分穗轴，然后将小粒、畸形粒、密集粒疏除，使整个果穗看起来比较稀疏，尤其对于坐果率高的品种更要在坐果稳定后疏果粒，使果粒充分膨大后，果粒紧凑而不互相挤压为宜。

②花前加强病虫害防治。花前是葡萄病虫害防治的关键时期，预防蓟马和螨类对幼果的危害应在花前 1～2 天或初花期喷施吡虫啉或 25% 噻虫嗪水分散粒剂 4 000 倍液，20% 哒螨灵 1 500 倍液，该药剂对鱼类有毒，使用时避免污染水源。花前虫害的防治可有效减少蓟马和害螨的危害，进而减少后期裂果。

③选用抗裂果的品种。选择栽培品种时，应选用果皮较厚、韧性较好的品种。有些果皮薄、韧性差的品质，如红蜜、乍娜等，在果实生长后期，果粒增大，膨压也增加，极易发生裂果现象。

④土壤水分含量要相对稳定。在灌溉条件差，前期土壤过分干旱时，果皮形成的机械组织弹性较小；而果实进入转色期后，果实内糖分含量增加较快，渗透压增大。如果此时遇雨或灌水量过大，土壤含水量骤然增多，果实内部细胞分裂快，吸水后膨胀增大，而果皮细胞分裂慢，其收缩压远小于果肉的膨压，于是产生裂果现象。因此，在葡萄进入转色期以后，灌水量要尽量控制，要少量多次，中耕保墒，不要大水漫灌，采收前要控水，以防裂果。

⑤地膜覆盖。有条件的果园可以在行间覆盖地膜，覆膜不仅可以控制土壤水分的蒸发，保持稳定的墒情，还可以阻止降雨的渗透，使果园内土壤含水量相对稳定，可以有效控制裂果的发生。

⑥避雨栽培。葡萄裂果多发生在果实转色至成熟期，这一时期正值我国大部分地区的雨季，雨水对果实的冲刷以及土壤含水量的骤增是造成裂果的重要原因之一，实行避雨栽培不仅可以避免裂果，还能提高果实含糖量和果实品质。

89. 葡萄缺铁表现什么症状？如何防治？

（1）症状表现。铁元素是植物体内许多蛋白质包括酶的组成成分，参与光合作用和呼吸作用，是植物叶绿素的重要组成元素，同时参与体内一系列代谢活动。铁在植物体内不易移动，葡萄缺铁时首先表现的症状是幼叶失绿，叶片除叶脉保持绿色外，叶面黄化甚至变白，光合效率差，进一步会出现新梢生长弱、花序黄化、花蕾脱落、坐果率低等现象。葡萄缺铁常发生在冷湿条件下，此时铁离子在土壤中的移动性很差，不利于根系吸收。同时铁缺乏还常与土壤较高 pH 有关，在此条件下铁离子常以植物不可利用态存在。

（2）防治技术要点。克服缺铁症的措施应从土壤改良着手，增施有机肥，防止土壤盐碱化和过分黏重，促进土壤中铁转化为植物可利用态。同时，也可采用叶面喷肥的方法对植株缺铁症进行矫正，可在生长前期每 7~10 天喷 1 次螯合铁 2 000 倍液或 0.2％硫酸亚铁溶液。缺铁症的矫正通常需要多次进行才能收到良好效果。

90. 葡萄缺硼表现什么症状？如何防治？

（1）症状表现。葡萄缺硼时，叶片、枝蔓、花序、果实都会出现症状。

①叶片：葡萄缺硼症可导致新梢顶端的幼叶出现淡黄色的小斑点，随后连成一片，使叶脉间的组织变黄色，最后变褐色枯死。

②枝蔓：缺硼会导致新梢生长不良，副梢长势减弱，叶片明显变小、增厚、发脆、皱缩、向外弯曲，叶缘出现失绿黄斑，严重时叶缘焦灼。

③花序：缺硼较严重时花序小，开花时花冠只有1～2片，从基部开裂，向上弯曲，其他部分仍附在花萼上包住雄蕊；缺硼严重时花冠不开裂，而变成赤褐色，留在花蕾上，最后脱落。缺硼植株的花粉发芽率显著低于健康植株，影响葡萄植株正常的授粉受精，坐果率低。

④果实：花期缺硼，导致子房不脱落，形成不受精的无核小果粒，果穗上无种子的小粒果实增加，形成了明显的珍珠粒穗形；若在幼果膨大期缺硼，果肉内部部分组织变褐枯死；硬核期缺硼，果实周围维管束和果皮外壁凹陷、变褐、枯死，成为没有任何商品价值和食用价值的"石葡萄"，严重影响产量和品质。

（2）防治技术要点。

①改良土壤、深耕土壤，增施优质有机肥，改良土壤结构，提高土壤肥力，提高土壤有效硼含量。

②避免连续过量施用石灰和钾肥，降低土壤的酸碱值，有利于硼的溶解吸收。

③外施硼肥。症状较轻时，于花前、盛花期连续喷施2次0.1%～0.3%硼砂溶液，缺硼症状明显消退，坐果率和果实品质显著提高；对缺硼较严重的果园，在秋施有机肥基础上，每亩一次性施入硼砂或硼酸1.3～3千克，有较好的治疗效果。但硼施入量不可过大，否则有抑制作用。

④加强土壤管理，避免根系染病。选用抗病、根系生长良好的砧木进行嫁接，以促进对硼的吸收。

91. 葡萄缺锌表现什么症状？如何防治？

（1）症状表现。缺锌时植株生长异常，新梢顶部叶片狭小，呈小叶状，枝条纤细，节间短。叶片叶绿素含量低，叶脉间失绿黄化，呈花叶状。果粒发育不整齐，无籽小果多，果穗大小粒现象严重，果实产量、品质下降。锌在土壤中移动性很差，在植物体中，当锌充足时，可以从老组织向新组织移动，但当锌缺乏时，则很难移动。栽植在沙质土壤、高pH土壤、含磷元素较多的土壤上的葡萄树易发生缺锌现象。

（2）防治技术要点。防治缺锌症可从增施有机肥等措施做起，补充树体锌元素最好的方法是叶面喷施。茎尖分析结果表明，补充锌的效果仅可持续20天，因此锌应用的最佳时期为盛花前2周到坐果期。可应用锌钙氨基酸、硫酸锌等。另外，在剪口上涂抹150克/升硫酸锌溶液对缺锌植株可以起到增加果穗重、增强新梢生长势和提高叶柄中锌元素水平的作用。落叶前施用锌肥，可以增加锌营养的贮藏，对于解决锌缺乏非常重要且效果显著，落叶前补锌，开始成为一种重要的补锌形式。

92. 常见的葡萄药害有哪些？如何避免药害？

葡萄园常见的药害有除草剂药害、赤霉素药害、石硫合剂药害、代森锰锌药害等。药害常常造成植株生长迟缓，叶片畸形、灼烧，还会使果实灼烧，果梗变粗、变硬，增加果实表皮隐性伤害，增加后期裂果，甚至影响第二年的花芽分化。

避免药害的产生有两个关键的措施：一是农药的合理选择，二是农药的科学使用。选择安全性好的农药是防止药害产生的基础；科学使用是避免药害产生的关键。生产中由于多数葡萄园面积不大，周围或许被农田包围，如果其他农田使用药剂（尤其是除草剂）时，药剂漂移到葡萄园，就会造成葡萄药害发生。这种情况在东北地区非常严重，已经成为危害葡萄的重大问题，影响葡萄生产和果实质量。解决这些问题的方法是选择对葡萄安全的药剂在周围农田使用。虽然某些药剂如赤霉素，低浓度使用不会对葡萄有副作用，但过量使用时会造成果梗变粗、变硬，不利于果实贮藏，甚至对第二年花芽分化产生影响。

93. 葡萄园如何预防鸟害？

葡萄园在葡萄转色至成熟期，各种鸟类于早晨或傍晚群集于葡萄园啄食浆果。前几年果实套袋可以有效减少鸟害，但是近两年，套纸袋对于防止鸟害起不了太大的作用，鸟类可以很容易啄破纸袋进行为害，有的果园套袋前没有鸟害，套袋后立即引起鸟类的注意，招来鸟害。果穗被鸟类为害后，被啄食果粒果汁外流，引来蜂、果蝇等吸吮果汁，导致果粒酸腐病、炭疽病等加重，损失不可估量。根据近几年果园防鸟的经验，总结出以下几种防鸟措施。

(1) 搭设防鸟网。 葡萄园相对低矮，可借助葡萄架的立柱搭设防鸟网防鸟。防鸟网的材料一般为尼龙网，网孔大小以钻不进小鸟为宜。现在市场上的防鸟网因质量不同价格较大，质量较好的防鸟网价格为 200~300 元/亩，便宜的每亩 60 元左右，质量好的防鸟网寿命在 3~5 年。实践证明，防鸟网的防鸟效果很好，不影响正常的田间管理，可以有效防止鸟类对葡萄为害，减少后期炭疽病、酸腐病的发生，但其不足之处是成本较高。雹灾较重地区可以把防鸟工作和防雹工作结合起来。

(2) 人工驱鸟。 鸟类在清晨、中午、黄昏三个时段活动频繁，对果实为害较严重，果农可在此时前到果园，及时把来鸟驱赶 3~5 次，以降低鸟害程度。

这种方法适宜小面积种植的果农，对于大面积果园不适用，比较费工且效果不好。

（3）声音驱鸟。 在葡萄成熟期可以不定时燃放双响炮、敲锣，还可以大音量播放"鹰叫"的录音，可以随时驱赶果园中的害鸟。这种方法短期内有一定效果，长期使用鸟类就会产生适应性，驱赶即走但随后又飞回继续为害，长期来看，驱鸟效果不佳。

（4）反光驱鸟。 鸟类一般怕刺眼的光照，利用反光设施可以有效驱赶鸟类。可以在果园地面铺盖反光膜，在葡萄的立柱间拉上反光布条，反光布条要松紧适度，有风时通过布条抖动可以把光反射到四面八方。反光膜较反光布条成本高，操作费工，但是铺反光膜不仅可以驱鸟还有利果实的上色。

（5）化学驱鸟。 主要是利用化学药剂产生鸟类不喜欢的气味，使果实避免鸟类的危害。目前，康克葡萄的一种提取物——氨茴酸甲酯是国内外唯一可以在农作物上使用的化学驱逐剂，该药物是美国公司生产，商品名为 Bird Shield，美国在葡萄、樱桃和苹果等果树上有应用，国内少有使用。化学驱鸟剂和农药相似，喷施在果实上会存在一定时期的残留，这也是当前能否广泛使用化学驱鸟剂的争论焦点。

94. 葡萄园如何预防雹灾？受灾后如何救灾？

冰雹是一种常见的灾害性天气现象。雹灾的主要危害表现在对葡萄植株造成机械伤害，如枝蔓折断、劈裂，叶片破损、脱落，果实被砸伤，架面歪斜、倒塌等（彩图30），严重影响当年葡萄产量和品质，进一步影响植株光合作用，导致树势衰弱。

现在预防雹灾最好的方法就是在多冰雹的地区架设防雹网，可有效防止或降低冰雹对葡萄的危害。通常使用的防雹网为1厘米×1厘米的尼龙网，使用寿命为8~10年。现在河北省的怀涿地区50％以上的果园都架设防雹网，同时还能防鸟。

果园遭受雹灾后，应立即进行以下3方面的工作，以最大限度挽回损失。

（1）葡萄园清理工作。 整理架面，将枝蔓理顺合理摆布在架面上，保护现有叶片，加强地上部枝蔓管理，促发和培养新生枝蔓，合理修剪，疏除或短截残伤枝蔓，已折断或劈裂的新梢，应在伤口处剪平，有利伤口愈合。

（2）果实管理工作。 首先对被冰雹砸伤的重伤果，生长发育已经被严重影响的，应及时摘除，再根据树体受伤害的状况，调整树体负载量，以尽快恢复树势。结合整穗、疏粒，去除受害果，树势较壮的促发2次果，对没有产量或大幅减产的地块仍要加强后期管理，保叶以确保翌年生产不受影响。

（3）雹灾后病虫害防控工作。雹灾后常会加重病虫害发生，应及时采用药剂保护，防止枝蔓病害和叶部病害的蔓延，如雹灾后常造成白腐病的大发生，应及时使用福美双、代森锰锌、克菌丹等保护性杀菌剂；一般在雹灾后 12～18 小时用药。据有关资料报道，雹灾后 12～18 小时使用克菌丹，防治效果在75％以上，如果灾后 21 小时使用，防治效果为 50％；超过 24 小时使用，基本没有防治效果（30％以下）。下过冰雹后尽快使用 1 次 40％氟硅唑乳油 8 000倍液＋50％嘧菌酯・福美双 1 500 倍液，5 天后再用 1 次 20％苯醚甲环唑 3 000 倍液，及时用药可有效控制雹灾后病害的大发生。

95. 葡萄园如何预防涝害？

（1）涝害症状。葡萄被淹后会出现落叶、落果等，根系长时间在水中浸泡引起叶片翻卷、冬芽萌发、根系窒息而出现烂根，甚至整株萎蔫、死亡。

（2）防治技术要点如下。

①选好园址，建好排水系统。为防止果园遭涝害，建园时要选好园地，做好水土保持和土壤改良工作，必要时可开沟换土栽植。多雨地区建园时修筑好配套的排水系统，保证多雨季节排水通畅，同时可采取梯田或深沟高畦栽培葡萄，以利排水。

②使用抗涝砧木建园。在多雨易发生涝害的地区，使用抗涝砧木的嫁接苗建园。

③不盲目使用植物生长调节剂类产品。多雨时节，成熟葡萄果实内膨压急剧增高，若外用植物生长调节剂有可能加剧裂果，造成葡萄品质明显下降。

④避雨栽培。有条件的葡萄园，可以采取避雨栽培的模式，防止涝害，同时降低病虫害的发生。

96. 葡萄园发生涝害后如何救灾？

葡萄园发生涝害后，要尽早采取必要的补救措施，以降低危害程度和损失。常用的措施有以下几种。

（1）疏通渠道，及早排除积水。雨后及时排出葡萄园的积水，扶正植株，及时排除根系集中分布层多余的水分，解决根系的呼吸问题。可在园内每隔 2～3 行于树间挖一条深 60～80 厘米、宽 40～60 厘米的排水沟。

（2）及时中耕，改善土壤墒情。水淹后，葡萄园土壤容易板结，引起根系缺氧。进行树盘或全园的深翻，以利土壤水分的蒸发，加强通气，促进新根生长。

（3）加强树体保护，积极防治病虫害。可采用 0.1％～0.2％磷酸二氢钾或 0.3％尿素溶液进行叶面追肥。待树势恢复后，再施用腐熟的人畜粪尿、饼肥，促发新根。雨前尽量用波尔多液等内吸性保护剂，雨后待地面稍干，交替使用波尔多液和内吸性杀菌剂。

（4）及时修剪、适时采收。及时剪除断裂的枝蔓，清除落叶、病果和烂果。伤根严重的，及时疏枝、剪叶、去果，以减少蒸腾量，防止植株死亡。对受淹时间较长的葡萄园，要提前采收。受灾较轻和未受灾的果园要分级、分批采收，对晚熟品种尽量不要早采。

（5）做好防寒工作以利越冬。对于需埋土防寒地区，埋土防寒时埋土厚度要比往年更厚，取土部位应远离根系防止葡萄冻害发生。

97. 葡萄园如何预防冻害？

（1）使用抗寒砧木。选择利用抗寒砧木嫁接的优质苗木进行建园，尽量不用扦插苗建园；葡萄砧木根的抗冻性远高于葡萄自根苗根系，葡萄砧木的使用，不仅可以大大提高葡萄根系的抗冻能力，而且还可以提高葡萄的抗逆性（抗旱、抗盐），加强葡萄对水肥的吸收和利用，从而增强葡萄树势和产量，是我国埋土防寒区葡萄摆脱冬季根系冻害和提高葡萄产量的关键技术，但砧木的使用，一定要结合立地条件，筛选适宜本地区栽培条件的优良砧木。

（2）采用深沟定植栽培。将葡萄定植在 20 厘米深的定植沟中，使葡萄根系在冬季葡萄埋土后处于地表 25 厘米以下，这样不仅可以保证葡萄根系不受冻害；而且还会减少葡萄冬季埋土量，减少用工量和土壤冬季风蚀程度，降低冬季生态破坏；同时也为葡萄实行节水沟灌提供了必要条件，一举三得。但是要注意挖排水沟，以防雨季受涝害。

（3）强化肥水管理，重视钾肥的使用。葡萄对氮、磷、钾的需求比例以 1∶1.5∶1 为好。许多果农未能遵循这一科学规律，在葡萄用肥中偏施氮肥，是造成新梢成熟不良，容易遭受冻害的原因。在生长期改大水漫灌为利用滴灌或微灌根系分区交替灌溉，可有效抑制葡萄营养生长，促进枝条成熟；同时生长前期要以施氮肥为主；中期要氮、磷、钾都施，但要偏重磷、钾肥的施用；后期以磷、钾肥为主。另外，应特别注意增施有机肥，并适时补充微量元素，可有效避免或减轻冻害。

（4）重视病虫害防治。病虫害会严重影响新梢的成熟和质量，特别是霜霉病，近几年发病迅速、危害严重，受此病危害的葡萄，极易受冻害。受虫害的新梢，也极不耐寒。对病虫害要以防为主，综合防治。

（5）合理负载，及时防寒。果农一味追求高产，但不知若葡萄负载过重，不仅降低果品质量，销售价格低，经济效益差，还会造成葡萄贪青、新梢不成熟或成熟不良，抗寒性降低。鲜食葡萄合理负载量为每亩 1 000～1 500 千克，酿酒葡萄应控制在每亩 1 000 千克以下。同时需埋土越冬的地区要及早进行埋土防寒,对于栽培面积大的葡萄园可提前带叶修剪、埋土防寒。

98. 葡萄冻害是怎么引起的?发生冻害后如何补救?

冬季低温是产生冻害的主要原因,同时植株的抗寒性强弱、栽培技术措施是否得当,对冻害产生与否及冻害发生程度严重与否都起重要作用。通常植株的树势状况与冻害发生有密切关系,当植株树势衰弱时,抗寒能力低,如植株负载量大、病虫害大量发生、秋季早期落叶等,都会影响植株养分积累,使过冬贮藏营养水平低,植株易发生冻害;另一方面,若植株生长过于旺盛,秋季贪青生长,枝条未完全成熟,养分积累不足,同时枝蔓不能适时进入休眠期,抗寒锻炼不足,抗寒能力也弱。此外,葡萄发芽后的极端低温、葡萄越冬前温度剧烈变化,都会对葡萄造成一定的伤害,有可能产生冻害。葡萄出现冻害后要采取相应的应急措施,进行补救,通常要做以下几个方面的工作。

(1)针对冻害较轻的葡萄植株。葡萄出土上架萌芽后,将冻害部位剪截,同时增施氮肥并浇透水,用高浓度的氨基酸叶面肥喷施干枝以补充营养,等萌芽展叶 3~4 片时开始喷施低浓度的氨基酸叶面肥,一般每 7~15 天喷施 1 次。

(2)针对冻害较重的葡萄植株。葡萄出土上架萌芽后,将冻害部位剪截,对于剩余母枝萌发新梢,同样进行叶面喷肥补充树体营养,同时疏除所有花序。

(3)针对冻害特重的葡萄植株。从地面剪截嫁接苗重新萌发,砧木进行绿枝嫁接为翌年准备,扦插苗重新萌发新梢培养整形修剪;对于根系冻死植株,只能刨除进行重新补苗。

七、葡萄设施栽培

99. 什么是葡萄设施栽培？

葡萄设施栽培作为葡萄露地自然栽培的特殊形式，是指在不适宜葡萄生长发育的季节或地区，或在适宜葡萄种植地区，为了有目的的促早或延迟上市，在充分利用自然环境条件的基础上，利用温室、塑料大棚和避雨棚等保护设施，改善和控制设施内的环境因子（包括光照、温度、湿度、二氧化碳浓度等），为葡萄的生长发育提供适宜的环境条件，进而实现葡萄优质、安全、高效生产的栽培模式。

葡萄的设施栽培是依靠科技进步而形成的高新技术模式，是一种高投入、高产出、经济效益相对高的新兴栽培模式。随着社会的发展、产业供给侧改革的深入，葡萄产业的提档升级，葡萄设施栽培越来越突显其优势，引领着区域性葡萄产业的发展方向。近年来，葡萄的设施栽培在全国各地得到了大力推广和发展。

100. 葡萄设施栽培的历史和现状是怎样的？

葡萄设施栽培已有较长的历史，欧洲在 19 世纪初期就出现了葡萄玻璃温室栽培，建造成本较高，没有得到大面积发展。到 20 世纪 70 年代，随着塑料薄膜在农业生产上的推广应用，温室建造成本大幅度下降，葡萄设施栽培得以迅速发展。目前世界上果树上的设施栽培以葡萄为主，荷兰、意大利的鲜食葡萄几乎都来自温室栽培，日本的葡萄设施栽培是亚洲最发达的，其设施以塑料大棚与温室为主，占其全国葡萄栽培面积的 50% 以上。

我国葡萄设施栽培始于 20 世纪 50 年代末，葡萄在温室中栽培，多以观赏和科研为主要目的。1978 年，黑龙江省齐齐哈尔市园艺研究所、黑龙江省农业科学院园艺研究所为解决寒冷地区葡萄栽培的问题，率先进行日光温室栽培并获得成功，随后辽宁省本溪市、沈阳市，天津市，河北省滦县，以及陕西省西安市等各地，相继进行了塑料覆盖大棚、温室葡萄栽培试验和示范。20 世纪 90 年代初期，围绕当时设施栽培上存在的品种选择、设施结构、环境调控等问题，北京农学院、沈阳农业大学、辽宁高等农林专科学校、天津市农业科学院林果研究所等单位，开展了许多研究和试验，并取得了良好效果。随着我国改革开放和市场经济发展，南方的葡萄避雨栽培、促早栽培也发展起来。十几年来，随着人民生活水平提高，消费者对葡萄及葡萄酒的需求日益提高，设施葡萄生产效益显著，葡萄设施栽培技术的深入研究与示范推广，大大促进了葡萄设施栽培发展。据不完全统计，我国设施葡萄面积已达 280 万亩，其中避雨栽培面积 200 万亩，促早栽培面积 75 万亩，延迟栽培面积 5 万亩。基本形成了以辽宁、河北、天津、北京、山东、甘肃、宁夏、上海、江苏、湖南、广西、四川、浙江、云南为重点产区的葡萄设施栽培生产新格局。我国已成为世界上葡萄设施栽培面积最大的国家，设施葡萄生产已成为一些地区改善种植结构、提高农民收入的主导产业，并成为促进乡村振兴的重要途径。

例如河北省衡水市饶阳县，其设施葡萄生产规模位居全国第一，全县现有设施葡萄面积 12 万亩，年产优质鲜食葡萄 24 万吨，是全国最大的设施葡萄生产基地。因其熟期早、品质优、发展快、规模大、效益高，被国家市场监督管理总局（标准委）评定为"全国设施葡萄标准化生产示范区"，2012 年被中国经济林协会命名为"中国设施葡萄之乡"，2015 年，"饶阳葡萄"被国家质量监督检验检疫总局认定为地理标志保护产品。2019 年河北省农业农村厅、河北省发展和改革委员会、河北省林业和草原局联合组织评定评选确定，"饶阳设施葡萄"入选首批河北省特色农产品优势区。

101. 葡萄设施栽培有何重要意义？

（1）调节葡萄成熟上市时间，保障市场全年均衡供应。

（2）提高葡萄生产效益，实现优质高效。

（3）改变栽培环境，扩大栽培范围。

（4）有效抵御灾害，生产优质果品。

102. 如何选择设施栽培葡萄品种？

葡萄栽培设施内，高温、高湿、光照弱、二氧化碳浓度低，选择种植品种时要考虑以下内容。

（1）选择需冷量和需热量低、果实发育期短的早熟、特早熟品种，用于冬促早栽培和春促早栽培；选择需冷量和需热量高、果实发育期长、多次结果能力强的品种，用于延迟栽培。

（2）选择生长势中庸、花芽容易形成、着生节位低、坐果率高且连续结果能力强的品种，以保障连年丰产高产。

（3）选择粒大、松紧度适中、果粒大小整齐一致、无核或易于无核化处理且色艳、耐储的品种。

（4）选择生态适应性广，抗病性、抗逆性均强的品种或多抗砧木，品种要耐弱光，对高温、高湿适应性强。

103. 葡萄设施栽培目前有哪些推荐品种?

(1) 早熟品种。 爱神玫瑰、无核白鸡心、红艳无核、早黑宝、京蜜、夏黑无核、瑞都红玉、瑞都香玉、香妃、蜜光、维多利亚、乍娜（绯红）、粉红亚都蜜、金田玫瑰、红巴拉多、金星无核、红旗特早玫瑰、奥迪亚无核等。

(2) 中熟品种。 金田玫瑰、玫瑰香、巨玫瑰、金手指等。

(3) 晚熟品种。 阳光玫瑰、意大利、红地球、红宝石无核、克瑞森无核、秋黑、红乳、妮娜皇后、金田黄家无核等。

104. 葡萄设施栽培采用什么样的架形?

葡萄设施栽培常用两种架形。

(1) 双十字 V 形架。 双十字 V 形架结构为：一根立柱，两根横梁，三层共 5 道钢丝。立柱可用水泥杆或设施内立柱，高 250 厘米，粗细以长 10 厘米、宽 10 厘米为宜；横梁，每柱 2 根，上梁 80 厘米长，下梁 50 厘米长，粗细视情况而定，以耐用为原则；钢丝以 12 号、13 号、14 号为宜。

(2) 龙干树形配合 V 形叶幕。 主干直立，高度 0.7～1.0 米（第一道钢丝高度），根据设施空间确定；主蔓（龙干）水平引绑到第一道钢丝上；结果枝组在主蔓上均匀分布，枝组间距因品种而异，可短梢修剪的品种同侧枝组间距 15～20 厘米，需中、短梢混合修剪的品种同侧枝组间距 30～40 厘米。

105. 葡萄设施栽培采用什么样的树形?

目前，在设施葡萄生产中，普遍采用露地葡萄生产中常用的多主蔓扇形或直立龙干树形，但也会造成通风透光性差，光能用率低，顶端优势强，上强下弱，副梢长势旺，管理频繁，工作量大，结果部不集中，成熟期不一致，管理不方便等缺点。为解决上述问题，根据设施葡萄不用埋土防寒的优势和葡萄品种的成花特点，建议采用单层水平龙干形（"厂"字形）、水平双臂龙干形（T形）、H 形或小棚架的树形。

106. 如何进行葡萄休眠调控、破眠和扣棚升温?

葡萄从落叶到发芽是葡萄休眠期，葡萄进入深休眠后，只有休眠解除即满足品种的需冷量才能开始扣棚升温，否则过早升温会引起不萌芽，或萌芽延迟、不整齐，新梢生长不一致，花序退化，果实产量和品质下降等问题。

生产中常采用人工集中预冷和化学破眠等人工破眠技术来解除葡萄休眠。具体措施如下。

(1) 物理措施。 三段式温度管理人工集中预冷技术。当深秋、初冬日平均气温稳定通过 7～10℃时，进行扣棚，并覆盖草苫。在传统人工集中预冷的基础上，中国农业科学院果树研究所葡萄课题组创新性提出三段式温度管理人工集中预冷技术，使休眠解除效率显著提高，休眠解除时间显著提高。具体操作：人工集中预冷前期（从覆盖草苫开始到最低气温低于0℃为止），夜间揭开草苫并开启通风口，让冷空气进入，白天盖上草苫，并关闭通风口，保持棚室内的低温；人工集中预冷中期（从最低气温低于0℃开始至白天大多数时间低于0℃为止），昼夜覆盖草苫，防止夜间温度过低；人工集中预冷后期（从白天大多数时间气温低于0℃开始至开始升温为止），夜晚覆盖草苫，白天适当开启草苫，让设施内气温略有回升，升至7～10℃后覆盖草苫。人工集中预冷的调控标准：使设施内绝大部分时间气温维持2～9℃，一方面使温室内温度保持在利于解除休眠的温度范围内，另一方面避免地温过低，以利升温时气温与地温协调一致。另外，在人工集中预冷过程中，与传统去叶休眠相比，采取带叶休眠的葡萄植株可提前解除休眠，葡萄花芽质量显著改善。因此，在人工集中预冷过程中，一定要采取带叶休眠的措施，不应采取人工摘叶或化学去叶的方法，即在叶片未受霜冻伤害时扣棚，开始进行带叶休眠人工集中预冷处理。

（2）化学措施。

①石灰氮 [Ca（CN）$_2$]。在使用时，一般是调成糊状进行涂芽或者经过水浸泡后取高浓度的上清液进行喷施。石灰氮水溶液的一般配制方法是：将粉末状药剂置于非铁容器中，加入4～10倍的温水（40℃左右），充分搅拌后静置4～6小时，然后取上清液备用。为提高石灰氮溶液的稳定性及其破眠效果、减少药害的发生，适当调整溶液的pH是一种简单可行的方法。在pH为8时，药剂表现出稳定的破眠效果，而且贮存时间也可以相应延长，调整石灰氮的pH可用无机酸（如硫酸、盐酸和硝酸等），也可用有机酸（如醋酸等）。

②单氰胺（H$_2$CN$_2$）。一般认为单氰胺对葡萄的破眠效果比石灰氮更好。目前在葡萄生产中，主要采用经特殊工艺处理后含有50％有效成分（H$_2$CN$_2$）的稳定单氰胺水溶液——Dormex（多美滋），在室温下贮藏有效期较短，但在1.5～5℃条件下冷藏，有效期至少一年。单氰胺打破葡萄休眠的有效浓度因处理时期和葡萄品种而异。一般有效浓度是0.5％～3.0％。配制H$_2$CN$_2$或Dormex水溶液时需要加入非离子型表面活性剂（一般按0.2％～0.4％的比例）。一般情况下，H$_2$CN$_2$或Dormex不与其他农用药剂混用。

休眠解除期是设施葡萄管理的一个关键期。休眠解除期的温度调控适宜与否和休眠解除日期的早晚密切相关。应根据各品种需冷量确定扣棚升温时间，待需冷量满足后方可升温。促早栽培一般扣棚升温时间为在当地露地栽培葡萄萌芽时间的基础上提前 2 个月左右。

107. 设施葡萄各生长发育期关于温、湿、光、气等环境因子的调控标准是什么？

(1) 催芽期。催芽期升温快慢与葡萄花序发育和开花坐果情况好坏密切相关，升温过快，导致气温和地温不能协调一致，严重影响葡萄花序发育及开花坐果，萌芽期气温超过 30℃会引起花芽发育异常。因此要缓慢升温，不要盲目进行高温催芽。温室第一周白天 15～20℃，夜间 6～7℃；第二周白天 18～20℃，夜间 7～10℃；第三周至萌芽白天 20～25℃，最高 28℃，夜间 10～15℃。从升温至萌芽一般控制在 25～30 天，空气相对湿度要求 90% 以上，土壤相对湿度要求 70%～80%。

(2) 萌芽后到开花前。萌芽后的日平均温度与葡萄开花时间及花器发育、花粉萌发和授粉受精、坐果等密切相关。葡萄萌芽后花序分离期前（7 叶 1 心期）温度调控标准为白天控制在 20～25℃，夜间尽量保温，保持在 12～15℃，最低 10℃，有利葡萄花芽分化完全。白天温度超过 30℃时，已经长出的小花序会发生退化，变成卷须，同时葡萄节间延长，造成徒长；设施内白天温度在 23～25℃时，即使发育不甚完全的花序也会继续分化发育形成健壮的花序。夜间最低气温 12～13℃，昼夜温差在 10～15℃，夜间温度过低，葡萄叶片出现低温失绿黄化，葡萄生长缓慢。塑料大棚白天气温 23～25℃，最高不超过 28℃，尽量提高夜间温度，最低不低于 8℃，气温与地温相差 10℃为宜，以地温决定气温。土壤相对湿度 60%～70%，空气相对湿度要求 60% 左右。

花序分离期至开花期温度调控标准：白天 25～28℃，最高温度 30℃，夜间气温 16～20℃。土壤相对湿度 70%～80%，空气相对湿度 60%～70% 为宜。

在生产实践中，开花前温度调控升温要缓慢进行，采用早开、早关的通风方法。既要使地温、气温协调一致，又要有效避免棚内出现不可控高温，另外使下午适宜高温时间长，有利夜间保温。

(3) 花期。花期对温度最为敏感，过高过低都影响正常坐果。温度管理重点是避免夜间低温，低于 15℃时影响植株开花，引起授粉受精不良，子房大量脱落；其次还要注意避免白天高温，35℃以上的持续高温会引发严重日灼。调控标准如下：欧美种白天 22～26℃，最高不超过 28℃，延长 25～26℃的时间，长时间 30℃以上高温引起大量落花落果；欧亚种白天 25～28℃，最高不超过 30℃，延长 26～28℃的时间，促进开花整齐，温度过高超过 32℃，花粉活性降低，代谢速度、衰亡速度加快，不利葡萄授粉和坐果，落花落果加重。

夜间气温 16～20℃，若低于 15℃ 则葡萄受精不良，幼果不发育，形成僵果，出现大小粒。

空气相对湿度要求 50％ 左右，湿度过高会加重灰霉病和穗轴褐枯病为害，还会导致花帽、花丝等脱落不干净，黏在幼果上，造成果面癥痕和后期裂果。土壤相对湿度要求 65％～70％。

(4) 浆果发育期。此期温度不宜低于 20℃，积温对浆果发育速率影响最为显著，如果热量累积缓慢，则浆果糖分累积及成熟过程变慢，果实采收期推迟。调控标准：白天温度 26～30℃，最高不超过 32℃，幼果膨大期至硬核期高温易引起葡萄生理性缺水，即气灼病；夜间 18～20℃；空气相对湿度要求 60％～70％；土壤相对湿度要求 70％～80％。

(5) 着色成熟期。此期适宜温度为 28～32℃，低于 14℃ 时果实不能正常成熟。昼夜温差对养分积累有很大的影响，温差大时，浆果含糖量高，品质好，温差大于 10℃ 时，浆果含糖量显著提高。调控标准：白天温度 28～32℃，夜间 15～16℃，不低于 15℃，昼夜温差 10℃ 以上。空气相对湿度要求 50％～60％，土壤相对湿度要求 55％～65％。在葡萄浆果成熟前应严格控制灌水，应于采前 15～20 天停止灌水。

(6) 秋延后。12～18℃ 是诱导葡萄进入休眠的最适温度范围，如果设施内最低气温高于 18℃，则无法进入休眠。具体的温度调控标准是：从夜间最低温低于 18℃（一般在 9 月上旬）开始对设施覆盖塑料薄膜使设施内夜间温度提高到 18℃ 以上；到幼果膨大期的 10 月期间，设施内夜间温度则要连续保持在 20℃ 左右；即使是在初冬的 11 月，夜间设施内温度亦应维持在 15℃ 以上，一方面可以避免秋促早栽培葡萄被诱导进入休眠，另一方面还可以延缓叶片衰老和落叶。果实收获时，为保证果实成熟，其设施内夜间温度至少应保持在 10℃ 上下。采收结束后，其设施内夜间温度保持在 3℃ 左右以便加快落叶。

108. 如何理解掌握设施葡萄环境调控技术？

(1) 气温调控技术。

①保温技术。优化棚室结构，强化棚室保温设计。日光温室方位南偏西 5°～10°，外墙加泡沫板或草帘和棚膜保温，正确揭盖保温被或草帘，棚内多膜覆盖，棚四周挖防寒沟，安装增温设备等。

②降温技术。一是通风降温，通风降温顺序为先放顶风再放地风，最后打开北墙通风口，膜上灌水降温，注意结合通风降温，防止空气湿度过高。二是遮阴降温，适宜催芽期使用。

（2）地温调控技术。 设施内的地温调控技术主要是指提高地温技术，使地温和气温协调一致。葡萄设施栽培，尤其是促早栽培中，设施内地温上升慢，气温上升快，地温、气温不协调，造成葡萄发芽迟缓，花期延长，花序发育不良，严重影响坐果和果粒的第一次膨大生长。另外，地温变幅大，会严重影响根系的活动和功能发挥。

提高地温主要从以下几方面着手。

①控制水分。土壤水分小有利于升温，早春大棚应减少灌水次数和灌水量，采取隔行灌溉或滴灌，既满足葡萄生理需要又有利保温。

②起垄栽培结合地膜覆盖。该措施对提高地温切实有效。设施葡萄促早栽培提高地温是新梢生长期的管理重点，冬季土壤温度低，需阳光辐射土壤表面，且室内热空气通过土壤表面传导加热来提高土壤温度。土壤表面积的大小是影响地温高低的主要因素之一，若采用平畦栽培，土壤表面积小，受热面积小，地温低；起垄栽培可显著增大土壤表面积，使土壤受热面积增大40%以上，土壤吸收热量多，地温增温快，地温高，热土层厚，既有利于葡萄根系的发育，达到根深叶茂、生长健壮的目的，又能在夜间释放大量热量，减少冷害的发生。一般土垄以高20~25厘米、宽60~80厘米为宜。

③其他措施。增施有机肥、使用生物增温器、利用秸秆发酵释放热量，提高地温；还有挖防寒沟，将温室建造为半地下式等方式。

降低地温措施：夏季高温天气，设施内地温比露地高2~3℃，地温过高（超过28℃）不利葡萄生长，采取适当增加灌水量和灌水次数，地面生草或覆盖秸秆，可以在夏季高温时有效降低地温，减少土壤高温对根系的伤害。

（3）空气湿度调控技术。 设施内环境密闭，空气湿度大，特别是浇水后3~5天内，空气湿度可高达95%以上，极易诱发病害造成重大损失，因此，如何降低棚室内空气湿度是设施栽培必须时时注意的重要措施。方法有如下几种。

①全园覆膜。可显著减少土壤表面的水分蒸发，有效降低室内空气湿度。

②改变灌溉方法，改漫灌为膜下滴灌或膜下灌溉。

③加大昼夜温差。科学通风换气是经济有效的降温措施。空气的相对湿度，在其绝对含水量不变的情况下，随着温度的升高而降低，随着温度的降低而升高。根据这一规律，白天应维持高温管理，只要温度不超过葡萄适宜温度上限，一般不通风。通风要在傍晚和清晨进行。具体方法是：下午4时左右拉开通风口，通风排湿待棚室内温度降到16℃时立即关闭风口；傍晚放下保温被或草苫后，再在下面拉开风口，只要棚内夜间温度不低于葡萄温度范围下

限，则不必关风口，如果温度偏低可及时关闭风口；清晨拉帘同时拉开通风口，通风排湿 15～30 分钟后关闭风口，快速提温，这样做即可有效减低棚室内空气湿度。

若需要增加空气湿度，可采用喷水增湿等技术。

（4）土壤湿度调控技术。主要采用控制浇水次数和每次灌水量来调控。

（5）二氧化碳浓度调控技术。葡萄在设施条件下，由于保温需要，常处于密闭环境，通风换气受到限制。晴天时，日出不久设施内二氧化碳浓度迅速降低，造成设施内二氧化碳浓度过低，严重影响设施葡萄的光合速率和产量。因此，调控二氧化碳浓度是设施葡萄栽培的一项重要措施，实践证明，及时调控二氧化碳浓度可增产 20%～30%，而且显著改善设施葡萄果实品质。主要措施有以下几种。

①增施腐熟的有机肥。利用生物菌剂促进有机肥在分解过程中产生大量二氧化碳，满足设施葡萄生长的需要，也是在我国目前条件下，补充二氧化碳比较现实的方法，而且增施有机肥还可改良土壤、培肥地力。

②合理通风换气。在设施内温度达到适宜的调控温度后尽早打开通风口，增加通风量，在通风降温的同时，使设施内外二氧化碳浓度达到平衡。

③使用二氧化碳产品。施用干冰或液态二氧化碳，成本低易控制；化学反应生成二氧化碳法操作简单，成本也较低；也可在设施内使用二氧化碳罐或二氧化碳吊袋等进行补充。

（6）光照环境调控技术。光照强度弱，光照时间短，光照分布不均匀，蓝光、紫光和紫外光等短波光线比例低，是设施葡萄促早栽培光环境的典型特点，采取相应措施改善设施内的光照条件是提高葡萄产量和质量的关键措施。

①从设施本身考虑。建造方位适宜、采光结构合理的设施，尽量减少遮光骨架材料的使用，并采用透光性能好、透光率衰减速度慢的透明覆盖材料，综合性能以乙烯-醋酸乙烯膜（EVA 膜）和高级烯烃膜（PO 膜）为佳，并经常清扫。

②从环境调控角度考虑。延长光照时间、增加光照强度、改善光质。正确揭盖草苫和保温被等保温覆盖材料并使用卷帘机等机械设备以尽量延长光照时间；挂铺反光膜或将墙体涂为白色，以增加散射光；利用补光灯进行人工补光以增加光照强度，设施葡萄促早栽培期间，由于受短日照环境影响，叶片质量差，叶片早衰，光合作用效果差，妨碍果实继续膨大，严重影响果实产量和品质，因此，进行人工补光取得的效果非常明显。人工补光的具体做法是：葡萄叶片展开 4 片叶时用植物生长灯进行补光使日光照时数达到 13.5 小时以上，

即可有效克服短日照环境对葡萄生长发育造成的不良影响；一般在 1 000 米^2 设施内设置 50～60 个植物生长灯为宜，植物生长灯位于树体上方约 1 米处，夜间设施内光照强度在 20 勒克斯以上即可达到长日照标准。中国农业科学院果树研究所研究表明：在设施葡萄促早栽培中，蓝光显著促进果实成熟并提高果实含糖量，紫外光显著增大果粒并使香气更加浓郁，红蓝光对改善果实品质效果不明显，采用转光膜改善光质等措施可有效改善棚室内的光照条件。

③从栽培技术角度考虑。植株定植时采用采光效果良好的行向，合理密植，并采用合理的树形和叶幕，可显著改善设施内的光照条件，提高叶片质量，增强叶片光合效能。合理恰当的修剪可显著改善植株光照条件，提高植株光合效能。

109. 设施葡萄施肥应掌握什么原则？

（1）适当减少土壤施肥量、强化叶面喷肥、重视微肥施用。通过喷施叶面肥（氨基酸系列鳌合叶面肥、腐殖酸、海藻酸等）可以补充植株矿质营养，显著延长叶片寿命，增强光合作用，促进花芽分化，使果实成熟期显著提前，果实可溶性固形物含量显著增加，香味变浓，显著改善果实品质。

根外追肥经济、省工、肥效快、可迅速克服缺素症状。对于提高果实产量和改进品质有显著效果。根外追肥要注意天气变化。夏天炎热，温度过高，宜在上午 10 时前和下午 4 时后进行，以免喷施后水分蒸发过快，影响叶面吸收。在炎热干燥的中午喷肥容易发生肥害。

（2）有机肥料与化学肥料相结合施用。有机肥料与化学肥料是不同性质的两种类型肥料，有机肥料含有机质，有显著改良土壤的作用，这一作用是化学肥料所没有的。化学肥料的养分含量高、肥效快是有机肥料所不具备的。有机肥料与化学肥料配合使用可以取长补短、增强肥效，提高葡萄品质。

（3）做到两个平衡。即做到氮、磷、钾大量元素之间的平衡，以及大量元素与中、微量元素之间的平衡。只有在养分平衡供应的前提下才能提高肥料的利用率，增进肥效，实现葡萄的平衡施肥。

（4）做到上喷下施相结合。葡萄对肥料的吸收通过叶片和根系来完成，根吸收的养分只满足葡萄 75%～80% 的需要，叶片吸收的养分满足葡萄 20%～25% 的需要。根外追肥和土壤施肥两者各有特点，只有以土壤施肥为主，根外追肥为辅，相互补充，才能发挥施肥的最大效益，只有上喷下施相结合才能满足葡萄营养需求。

（5）遵循葡萄营养吸收规律施肥。研究表明，葡萄开花前和花期吸收的各种营养占比都不大，葡萄果实第一膨大期吸收磷钾比例迅速增加，到硬核期有所下降，第二膨大期各种元素吸收的比例达到全年最高，转色期之后各营养元素吸收迅速下降，采收后对氮磷钙持续吸收总量较高。因此，葡萄刚发芽时不需施用催芽肥，葡萄开花前的生长主要来自上年葡萄树的储存营养，和发芽时施肥关系不大。葡萄第一膨大期、第二膨大期对钾元素吸收量很大，应注意及时施用。转色期之后钾吸收量较少，发现葡萄果实上色困难时，再大量施钾肥效果不大。若葡萄临近成熟期大量施肥浇水，常导致副梢徒长，树体营养被副梢大量消耗，发生水罐病，或引发溃疡病，应避免此类现象的发生。

110. 葡萄设施栽培为什么要施用功能性肥料？

常用功能性肥料主要有海藻提取物（海藻精）、矿源腐殖酸（黄腐酸）、氨基酸等，具有促进葡萄生根养根和矿物元素吸收功能，对葡萄减肥增效提供有利条件。

海藻提取物促进植株根部生长，增加侧根数量和根长度。提高光合作用以及氮素的同化作用，提高植株对干旱、盐碱等非生物胁迫的抵抗能力，增大维管束细胞，加快水分、养分等运输，促进钾的吸收。一般在葡萄萌芽期、新梢生长期使用，转色期禁用。

腐殖酸能增加土壤团粒结构，促进侧根分化伸长以及对硝酸盐等养分的吸收，提高微量元素和磷的溶解性，促进植株对磷钾肥的吸收，叶面喷施腐殖酸可提高抗旱性。一般在葡萄硬核期、二次膨大期、转色成熟期使用效果更佳。

氨基酸能抑制主根生长，促进侧根生长。螯合微量元素，促进营养吸收，促进碳氮代谢，加强氮素同化，加强植物对外界胁迫的防御能力，减弱重金属对植物的毒性作用。一般在新梢生长期、葡萄一次膨大期使用。

111. 设施葡萄的营养管理有什么误区？

近几年，随着设施葡萄价格攀升，设施葡萄种植效益在农产品中处于较高的位置，农民对设施葡萄投入积极性较高，但过量的投入带来乱施肥和滥施肥现象，引起土壤板结、盐渍化等土壤退化问题，造成根结线虫病，根腐病发生和锰、铝、砷等重金属析出，引起烂根死树、产量低、品质差、病虫害加重，给设施葡萄生产带来严重影响。因此合理施肥、科学搭配已成为今后设施葡萄肥水管理发展方向。常见的施肥误区有以下6种。

（1）新栽葡萄树，新根没有长出来就施肥，造成死苗。 新栽葡萄树，主要依靠自身营养，从土壤中吸收少量水分，一船要到卷须长出时，才有新根长出来。在新根长出前施过多的肥料，一方面造成苗木吸水困难，另一方面让新根难以生长，遇到高温天气，地上部分干枯死亡。植株发芽后只适宜在叶面补充营养；待卷须长出后再进行少量土壤施肥。

（2）**发芽后树叶黄化就大量施肥。**葡萄树从发芽到开花前，65％的营养来自上年树体储存的营养，此时出现黄化，主要是上年树体营养积累不足所致。与其相关的因素如下：一是上年产量高，采收晚，营养积累不足；二是上年后期霜霉病致叶片早落；三是上年后期氮肥多，落叶时枝条不能正常成熟；四是上年后期土壤水分过大致沤根或施肥量过大烧根导致根系大量死亡；五是基肥施得过晚或春天开沟施肥，根系大量受损。所有这些问题，基本都和根系少而弱有关，早春设施内气温升高快，地温上升慢，如果选择大量施肥和浇水，就会导致土壤温度更低，根系吸收能力更差，再加上根系本身就少而弱，就会出现越是施肥浇水越不长的现象。这种情况下一方面要松土透气，提高地温，一方面还要在叶面补充营养。

（3）**树梢黄化或整树黄化就盲目补铁肥。**有些果园，树梢叶片黄化，甚至整棵树叶片颜色淡黄，症状很像缺铁症，并不一定是土壤缺铁，多是因土壤酸化、土壤冷湿，根系呼吸差，吸收能力弱，对铁等元素吸收困难，进而导致地上部黄化。这种现象多发生在设施葡萄内土壤水分过大的果园。此时施肥浇水会降低地温，加重缺铁症状。叶面补铁不能替代根系的吸收，只能治标不治本。首先要做的是松土透气，排水降湿。设施葡萄要松土，及时放风、多放风，既能降低设施内温度，减少水分消耗，又能降湿。对于有地膜覆盖的要尽快揭开地膜，松土。同时在叶面再补充营养，以供葡萄生长发育所需。

（4）**葡萄树生长缓慢就大量施肥。**很多葡萄树不见长，新梢难以长出，主要是土壤水分过大或者土壤板结不透气，根系呼吸困难，吸收能力低或者根系少、弱。这时施肥导致土壤水分更大，透气性更差；施肥量过大时，还很容易烧根。这种情况首先要解决的是土壤通透性和根系呼吸活力问题，松土、排湿才是有效措施。

（5）**施肥越多越好，重施肥轻吸收。**很多葡萄种植者想当然地认为，施肥越多葡萄就长得越好、产量越高。施用高浓度肥料的葡萄与施用中、低浓度肥料的葡萄比，反而产量更低，品质更差。施肥过多土壤盐渍化，根本没有根系可以在其中生长，更谈不上吸收了。很多果农在施肥时非常盲目，互相攀比，施肥量越来越大。从某种意义上说，多施肥不如想办法提高肥料的利用率，提高植株对肥料的吸收，或者说多施肥不如多长根，营造一种疏松透气、不干不湿、有机质丰富的土壤环境，才会有利于根系生长和营养吸收，土壤环境好了，根系才会好，健康良好的根系是葡萄树地上部分健康生长的保障，才会生产出健康良好的果品。

（6）**新鲜的畜禽粪便经简单堆肥就认为是腐熟。**新鲜的畜禽粪便含有较多的氮、磷等成分且价格低廉，施用时需要注意以下几个问题：一是所含的氨气和腐胺（臭气）对葡萄叶片和根系有很大的伤害作用，同时会带进来很多病菌和线虫；二是重金属污染；三是使土壤的含盐量增加，很多烘干鸡粪的含盐量都超过 10%，长期施用会造成土壤盐渍化；四是造成氮肥过量，使营养元素间不平衡。新鲜的畜禽粪便经简单堆肥，在整个过程中，有害病菌和线虫并没有减少，只损失了一部分的氮肥（氨气和腐胺），还影响环境，这种肥料施进土壤，容易造成严重的烧根或引起根腐病。

新鲜的畜禽粪便需要和湿透的秸秆等有机物料一起堆闷，经过高温发酵，鸡粪或猪粪中的氮、磷等和秸秆中的纤维素经微生物利用和转化，变成无害的、更易被葡萄吸收利用的形态，氮磷钾元素会更平衡。而且在高温发酵过程中，有害病菌和线虫被大量杀死，对葡萄更安全，让土壤更健康。

112. 设施葡萄如何进行节水灌溉？

见本书第五部分的问题 32。

除催芽水、更新水和越冬水要按传统灌溉方式浇透水外，其余时间灌溉要采取根系分区交替灌溉的方法。在设施促早栽培条件下，建议采用地膜覆盖、膜下灌溉的方法。

根系分区交替灌溉，指在植物某些生育期或全部生育期交替对部分根区进行正常灌溉，其余根区则受到人为水分胁迫的灌溉方式，刺激根系吸收补偿功能，调节气孔保持最适开度，达到以不牺牲光合产物积累、减少奢侈蒸腾而节水高产、优质生产的目的。中国农业科学院果树研究所试验结果表明：根系分区交替灌溉可以有效控制营养生长，显著降低用工量，改善果实品质，提高水肥利用率。与全根区灌溉相比，根系分区交替灌溉节水 30%～40%。

113. 设施栽培葡萄如何整花序？

见本书第五部分的问题 53。

花序疏除：设施栽培葡萄花序疏除要早，以减少营养消耗，一般在展叶4～6片时进行。原则是：强旺新梢留 1～2 穗，中庸新梢留 1 穗，弱梢不留穗。

114. 阳光玫瑰如何进行无核化处理？

对于阳光玫瑰等品种的无核化处理，一般分两次进行：第一次于花满开（指 100% 花开放）前 2～3 天至满开后 2 天用 12.5～50 毫克/升赤霉素（GA₃），辅以海藻精浸渍花序以诱导无核；第二次于花满开后 10～15 天用15～20毫克/升赤霉素（GA₃）与 0.1% 的氯吡脲（2～3 毫克/升）浸渍或喷布果穗，以促进果粒膨大。

处理的注意事项：①花穗开花早晚不同，无核化处理应分批分次进行，特别是第一次诱导无核化处理时，更要严格掌握时期；②赤霉素的重复处理或高浓度处理是穗轴硬化弯曲及果粒膨大不足的主要原因，要注意防止发生；浓度不足时又会使无核率降低，并导致成熟后果粒的脱落；③为了预防灰霉病等的为害，应将黏在柱头上的干枯花冠用软毛刷刷掉后再进行无核处理；④在进行果粒膨大处理时，浸穗后要振动果穗，使果粒下部黏附的药液掉落，防止诱发药害，同时果粒膨大处理最好在晴天进行；⑤赤霉素不能和碱性农药混用，也不能在无核化处理葡萄的前7天至处理后2天使用波尔多液等碱性农药；⑥处理时要注意土壤墒情，相对湿度65％为宜。

115. 阳光玫瑰如何进行保花保果和膨大处理？

（1）保花保果。 阳光玫瑰常用赤霉素或氯吡脲进行保花保果的处理，为了保证效果，也常用赤霉素与氯吡脲配合使用。

①处理时间。阳光玫瑰等葡萄品种满花后12～72小时处理。遇到连阴雨天在开花70％～80％进行紧急处理。

②处理方法。用0.1％氯吡脲（2～3毫克/升）＋赤霉素（10～25毫克/升）为主，配合添加碧护5 000倍液、海藻精1 000倍液蘸穗进行保果，效果良好。追求大果粒可用噻苯隆替换氯吡脲。

③注意事项。保果时间不能晚，要随时观察，发现刚有果粒脱落时必须马上保果，否则保果失败。保果后要保证土壤湿润，处理后当天到第二天最好叶面补充磷钾肥，处理时间在早晨或下午4时以后，以下午为宜。处理后6小时内温度在20～25℃为宜。花穗开花早晚不同，处理应分批进行，特别是第一次无核保果处理时要严格掌握时间。为了预防灰霉病为害，应在处理时加入咯菌腈等药剂预防。

（2）膨大处理。

①处理时间。保果处理后10～12天或葡萄满花后15～18天。

②处理方法。阳光玫瑰等用氯吡脲（4毫克/升）＋赤霉素（25毫克/升）＋保美灵4 000倍液为主，配合海藻精、氨基酸蘸穗或喷穗。用药后立即浇水，效果最佳；如不能立即浇水，第二天应喷一次清水。

③注意事项。膨大处理前三天最好追施一次膨果肥保障树体营养，处理在下午4时以后进行，以晴天为宜。处理后6～8小时温度在20～25℃为宜，最高27℃。不可重复处理。花穗开花早晚不同，处理应分批进行，并做好记号。为了预防灰霉病为害，处理时加入喹啉铜等药剂预防。

116. 葡萄设施栽培主要病虫害有哪些？

主要病害：灰霉病、白粉病、白腐病、穗轴褐枯病、霜霉病、黑痘病、溃疡病等。

主要虫害：绿盲蝽、螨类、蓟马、康氏粉蚧等。

117. 葡萄为什么要避雨栽培？

避雨栽培作为一种设施栽培形式，可以有效防止和减轻葡萄病虫害的发生，减少农药使用量，提高果实品质和好果率。近年来，北方果农在科技人员的科普和引领下，不断向南方学习，避雨栽培发展迅速，逐渐成为葡萄种植业的一种发展方向和趋势。方法是：在葡萄的生长季用塑料大棚、连栋大棚将葡萄扣起来，或在葡萄树冠顶部用竹片搭简易的拱棚，使葡萄枝蔓、花果、叶片处于不被雨淋的状态，从而防止和减轻病害的发生。

我国南方温暖多雨，尤其是长江以南地区雨水丰沛，在新梢生长、开花坐果期间正值梅雨季节，高温高湿的气候条件极易使露地栽培葡萄发生较为严重的病害，且雨水严重影响坐花坐果。北方是典型的大陆性季风气候，冬季干燥，夏季多雨，而且雨季正好与葡萄的成熟期相重叠，造成后期果实病害的大量发生和果穗腐烂，给葡萄生产带来很多不利因素。避雨栽培让葡萄能很有效地避开自然降雨，可极大减轻因雨水飞溅导致的多种病害，如霜霉病、白腐病、炭疽病、酸腐病等；其次，避雨栽培可以大幅降低裂果的发生程度；最后，避雨栽培可以极大减少农药使用量，降低投入成本，提高葡萄果品的安全质量，确保生产出绿色无公害果品。常用的避雨设施有简易小拱棚、连栋拱棚和塑料大棚等，均可达到避雨的要求。

八、葡萄贮藏与保鲜

118. 怎样确定葡萄的采收期？

葡萄采收是葡萄生产的一个关键环节，关系葡萄的品质和果农的收益，如果采收不当，不仅影响果实的品质、耐贮性，还会影响树势和花芽分化，关系翌年的产量和收益。采收过早，产量低、品质差、耐贮性也差；但也不是越迟采收越好，过晚采收，果实变软，硬度降低，不耐贮运，同时还会增加树体的营养消耗，降低树体的贮藏营养，减弱树势。因此，正确判断果实成熟度，适时采收，才能获得最佳收益。

判断果实成熟与否，主要通过以下5个方面。

（1）从色泽判断。浆果充分成熟时，红、紫、蓝、黑色品种，充分表现出固有的色泽，果粒上覆盖一层厚厚的果粉；黄、白、绿色品种颜色较浅，浆果略呈透明状。

（2）从果实硬度判断。随着果实成熟度的提高，浆果果胶因分解而使果肉硬度降低；同时果实在逐渐成熟过程中，细胞间隙加大，果粒变软。

（3）从果粒能否脱落判断。浆果成熟时，果穗梗与果枝连接处因木质化变为黄褐色，果粒与穗梗之间产生离层，震动枝蔓会有果粒落下。

（4）从种子颜色判断。浆果成熟时，有核品种种子由绿色转变为黄褐色或褐色，极早熟品种不具备这一特征。

（5）从果实内容物变化判断。浆果成熟时表现出本品种特有的含糖量、含酸量以及果实风味。果实成熟过程中，当含糖量稳定、含酸量第二次迅速下降时，即是浆果生理成熟期。

在实际生产中不能单纯根据成熟度来确定采收期，还要从市场供应、贮藏、运输和劳动力情况，栽培管理水平，品种特性以及气候条件等来确定适宜的采收期。

119. 采收葡萄应注意什么问题？

同一品种不同地区的成熟期不一致，同一树上不同部位的果穗的成熟也有差异，应根据实际情况分期采收，分期采收也有利于树势恢复。对于树势较弱和因病虫危害而导致早落叶的果园要提前采收，以免树体的贮藏营养被大量消耗，影响翌年的产量。

采收前根据品种着色需求确定摘袋时间，绿色等浅色品种不需提前摘袋，采收时连同果袋一起剪下，摘袋销售；红色品种系列一般在果实成熟采收前10～20天摘除果袋，以促进浆果着色。摘袋时，应首先将袋底打开，经过3～5天锻炼，再将袋全部摘除。一天中适宜除袋时间为9—11时，15—17时，一定要避开中午日光最强的时间，以免果实受日灼伤害。摘袋时间过早或过晚都达不到套袋的预期效果。过早摘袋，果面颜色暗，光洁度差；过晚除袋，果面颜色淡，贮藏易褪色。

采收一般应在晴天的上午8—10时和下午的4—7时进行，此时气候凉爽，采收的葡萄香气浓郁，较耐贮运。阴雨天、露水大或烈日暴晒下不宜采摘。采摘时，一手托住果穗，一手持采果剪，在距果穗4厘米左右穗梗处剪断，剔除病虫果、裂果、小青粒等，应尽量保护好果粉，轻轻放入采摘篮内。

120. 鲜食葡萄怎么分级？

鲜食葡萄在采收后要按质量标准进行等级分类，以满足不同的市场需求。分类的标准应按照国家有关鲜食葡萄农业行业标准中的规定去执行。鲜食葡萄应按其果粒大小、着色情况、可溶性固形物含量等指标分成3个等级，具体等级指标如表6所示。

表6　鲜食葡萄等级标准

项目名称	等级		
	一等果	二等果	三等果
果穗基本要求	果穗完整、洁净、无异常气味 不落粒 无水罐 无干缩果 无腐烂 无小青粒 无非正常的外来水分 果梗、果蒂发育良好并健壮、新鲜、无伤害		
果粒基本要求	充分发育 充分成熟 果形端正，具有本品种的固有特征		
果穗要求 果穗大小（千克） 果粒着生紧密度	0.4～0.8 中等紧密	0.3～0.4 中等紧密	<0.3或>0.8 极紧密或稀疏

（续）

项目名称	等级		
	一等果	二等果	三等果
果粒要求			
大小（克）	≥平均值的 15%	≥平均值	<平均值
着色	好	良好	较好
果粉	完整	完整	基本完整
果面缺陷	无	缺陷果粒≤2%	缺陷果粒≤5%
二氧化硫伤害	无	受伤果粒≤2%	受伤果粒≤5%
可溶性固形物含量	≥平均值的 15%	≥平均值	<平均值
风味	好	良好	较好

121. 鲜食葡萄怎样包装?

葡萄包装过程中常用包装材料有包装箱、塑料袋、衬垫纸、捆扎带等。国内的鲜食葡萄包装箱多数采用木箱和纸箱；国外的包装箱多为硬泡沫压型箱，这种箱子重量轻、耐压、耐震，可直接放入保鲜剂。日本的高档葡萄多为小包装，每一穗都有单独的包装袋。木箱、塑料箱规格一般为5～10千克果容量，纸箱一般为1～5千克果容量。外层的包装箱应坚固、干燥、清洁、卫生、无异味。

包装箱内一般要加一层塑料袋，塑料袋用于调气、保温，袋体材料要采用无毒、清洁、柔软的塑料膜制成。在装箱的过程中，果穗在箱中不宜放置过多、过厚，一般放置1～2层，以免造成挤压，装穗太多也不利于预冷、贮藏。

122. 葡萄贮藏保鲜需要注意哪些问题?

(1) 贮藏库的隔热、保温性要好。库体材料最好选用聚氨酯材料或聚苯乙烯泡沫，保温性能较好，可以有效减少库体漏热。

(2) 贮藏前提前降低库温。在入贮的2～3天使库温达到要求的温度。

(3) 葡萄采收后要及时入库。防止在外停留时间过长，一般要求葡萄在采收后6小时进入预冷阶段。

(4) 适宜的预冷方式。冷藏间预冷是常用的预冷方式，北方地区葡萄一般预冷12～24小时，如遇雨水较多年份，可延长到36～48小时，南方葡萄一般要达到24～72小时。目前差压预冷和隧道预冷是较为理想的预冷方法，可有效缩短预冷时间。另外，预冷时码垛要合理，保证空气畅通。

(5) 适宜的贮藏温度。目前葡萄理想的贮藏温度是-0.5℃左右，不同贮藏部位温差不超过±0.2℃，达到冰温控制水平。要尽可能维持各个部分的温度均匀一致，同时还要防止库内温度骤然波动。

图书在版编目（CIP）数据

葡萄栽培关键技术问答 / 李莉等主编 . —北京：
中国农业出版社，2022.8
　ISBN 978-7-109-29757-9

　Ⅰ.①葡…　Ⅱ.①李…　Ⅲ.①葡萄栽培－问题解答
Ⅳ.①S663.1-44

中国版本图书馆 CIP 数据核字（2022）第 131275 号

中国农业出版社出版
地址：北京市朝阳区麦子店街 18 号楼
邮编：100125
责任编辑：李　瑜
版式设计：杜　然　责任校对：吴丽婷
印刷：北京中兴印刷有限公司
版次：2022 年 8 月第 1 版
印次：2022 年 8 月北京第 1 次印刷
发行：新华书店北京发行所
开本：700mm×1000mm　1/16
印张：6.5　　插页：2
字数：100 千字
定价：39.00 元

彩图1　夏　黑

彩图2　维多利亚

彩图3　粉红亚都蜜

彩图4　绯　红

彩图5　香　妃

彩图6　爱神玫瑰

彩图7　贵妃玫瑰

彩图8　金星无核

彩图 9　红巴拉多

彩图 10　藤　稔

彩图 11　瑞都脆霞

彩图 12　红地球

彩图 13　阳光玫瑰

彩图 14　秋　黑

彩图 15　蓝宝石无核

彩图 16　霜霉病危害叶

彩图 17　霜霉病危害幼果

彩图 18　葡萄炭疽病危害症状

彩图 19　葡萄灰霉病危害症状

彩图 20　葡萄枝干白腐病危害症状

图 21　葡萄白粉病危害症状

彩图 22　葡萄酸腐病危害症状

彩图 23　叶　蝉

彩图 24　绿盲蝽危害叶片

彩图 25　绿盲蝽危害新梢

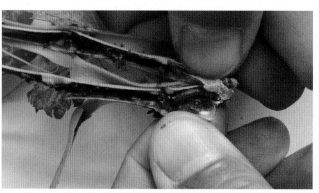

彩图 26　葡萄透翅蛾幼虫

彩图 27　蓟马危害状

彩图 28　康氏粉蚧

彩图 29　日　灼

彩图 30　雹　灾